朝日新書
Asahi Shinsho 808

京大式 へんな生き物の授業

神川龍馬

朝日新聞出版

まえがき

この本を手に取っていただいた方の中で、

「将来も不安だし、何か変わらなければ」

「進化（成長）したい」

「でも周りと違ってしまうのは嫌だ」

といった悩みをもっている人がいるのであれば、むしろ人間の世界ではなく、「ある世界」を覗（のぞ）いてみることをお勧めする。


目に見えない世界である。

こんなふうに書くと、あの世の話やパラレルワールドの話のように思われるかもしれない。はたまた怪しげな勧誘かと警戒されるかもしれないが、そうではない。

現実にあるのである。目に見えない世界が。

それはあなたの顔の上にもある。おなかの中にもある。家の周りの水の中にもある。通勤途中の花壇の土にもある。

そう、ここで言っている目に見えない世界とは、目に見えないくらい小さな生き物、単細胞の生き物の世界である。このような目に見えない生き物を我々は微生物と呼んでいる。目に見えない生き物は数が多く、そして我々の身近に存在する。地球は単細胞の生き物の世界といってもいいだろう。

そんな目に見えない生き物が、我々が毎日吸い込んでいる空気1リットルあたり10細胞くらいはふわふわと漂っているようである。汚いわけでなく、それが普通であるし、普段ならば健康に暮らしていくことができる。

そんな単細胞の生き物について、いったいどんなイメージをもっているだろうか。

辞書によれば、単細胞とは以下の通りである。

①単一の細胞。↕多細胞。

②転じて、考えの単純な人。

①はそのまま文字の通りである。しかし②が解せない。「転じて」、ということは「単一の細胞＝単純」、というイメージではないか。おそらく、他人や自分を少々おとしめる際に使用されると推察されるがとんでもない。

人間は、確かに地球上で繁栄している。高等生物などといった言葉に代表されるように、大きな脳をもち、複雑な機能をもつ臓器によって生命を維持している。もしかしたら、そのような身体的特徴から、複雑→高度なシステム→高等な生物というイメージになるのかもしれない。

でも、あえて言おう。

人間は単細胞の生き物よりもえらいわけでも立派なわけでもない。

単細胞の複雑な「中身」は、人間の細胞と同等かそれ以上なものもたくさんいる。そしてその生き方も多様で複雑である。

他者から栄養を奪うものや、自分よりもずっと大きな生き物と共生しているもの。単細胞の者同士でせめぎあい、そして生きていく活動の中で雲を作り上げるもの。そして自らの細胞からミサイルを発射する生き物や、人間と同様に性をもつ単細胞の生き物もいる。人間がえらくて立派であれば、単細胞の生き物たちも十分すぎるほどえらくて立派なのである。

あれは筆者が21歳、京都大学農学部3回生のときだった。筆者の恩師である左子芳彦先生が担当する授業で、超好熱菌（80℃以上の熱いところが好きな微生物）という耳慣れない単語を初めて耳にし、目に見えない微生物の世界が自分にとってあまりに未知の世界であることを知った。

そして、4回生の春。筆者は超好熱菌にそのまま引き寄せられ、左子先生が所属する海洋分子微生物学研究室で卒業研究に取り組むことになったわけである。

しかし、超好熱菌という言葉に引き寄せられた割に研究テーマに選んだのは、藻類という植物ではない光合成する生き物だった。彼らもまた、知らないことや筆者の興味の宝箱であったわけである。結果的に筆者にとって藻類の研究テーマが「当たり」となり、22歳から40歳になろうという現在に至るまで、その魅力に取りつかれ、藻類から真核生物全体や共生、ゲノムにまで研究対象が広がり続けている。

彼らに我々の常識は通用しないし、我々の思い込みも関係ない。彼らのもつ生存戦略は、時に巧みに見えて、時に脆く、時に儚い。助け合っているように見えたものが、突然助け合いをやめてしまったり、敵同士になったりする。それだけではなく、生き方そのものを劇的に変えてしまうものもいる。

このような変化が子孫に受け継がれていくことを進化と呼ぶ。ただし、微生物は何かを狙って進化しているのではない。「将来も不安だし、何か変わらなければ」、「進化（成長）したい」、「でも周りと違ってしまうのは嫌だ」などと考えることなく、微生物はノープランで進化し続けているのである。

そんな〝へんな奴ら〟は、常に我々の周りに存在する。いわば地球という家に共同生活する同居人である。一つ屋根の下に暮らす同居人がどんな生き方でどうやって成功し、失敗してきたのか。それらを知ることは「何かに役に立つ」というよりもむしろ「知っておくべきこと」である。

へんな生き物の世界を知ることは、様々な悩み多き人の視野を広げてくれるはずである。

さあ、覗いてみよう。目に見えない世界と彼らの進化を。

写真：筆者（34、60、73、87、99、115頁）
野村真未博士（105、106、150頁）
朝日新聞社（74、119、120、122頁）
kurutanx / PIXTA（65頁）
Nobuhiko Kimoto / PIXTA（103頁）
図版：谷口正孝

京大式　へんな生き物の授業

目次

第1章

人間はわりとカビに近い

──微生物と人間と進化

動物か植物か、それが問題だ

今、地球の生き物を2つに分けるとしたらどう分けるだろうか。

もちろんその基準は人によって違うだろう。ネコがとても好きな人は「ネコとネコ以外」だろうし、イヌがとても好きな人は「イヌとイヌ以外」だろう。もちろん「人間と人間以外」かもしれないし「私と私以外」かもしれない。ちなみに筆者は「筆者の好きな人とそうでない人」だ。

昔の研究者はどうしていたかというと、動物の仲間か植物の仲間か、で生き物を分けていた。

生き物の研究をする上で、生き物をいくつかのカテゴリーに分けるということはすべての基盤となる。動物の仲間も植物の仲間も、我々にとって身近な生き物である。だから、動物と植物を基本として生き物を分けていくのは、極めてシンプルで実用的な出発点だ。

動物の仲間は動き回り、モノを食べ、消化し、栄養を吸収する。一方で植物の仲間は、光合成というやり方で光と水を使って生活し、根を張り、基本的に動かない。全く違う生存戦略をもつ2つのカテゴリーを設定することで、そして2つのカテゴリーである動物と植物のそれぞれの仲間を明らかにしていくことで、生き物の世界を理解しようと研究者たちは努めてきた。

しかし、このカテゴリー分けは、分かりやすい反面、かなりのあいまいさも含んでいた。身近な動物や草や木だけを考えれば問題ないだろう。しかし例えば、植物っぽいけど草や木ではない生き物はどうだろう。例えばコケやコンブ、ノリなどだ。これらはすべて植物の仲間としてざっくりとまとめられていた（ちなみに、現在の分け方だと、この3つの中には植物の仲間でないものがある。それらについては後述する）。

さらにもうひとつ、「動物か植物か」というカテゴリー分けの方法の問題点を挙げるとすると、キノコが植物に入っていたことだろう。何かに根付いており、明らかに動かない見た目だし、モノを食べている様子でもないからだろう。

キノコが動物でないのはしっくりくるが、だからといって植物の仲間という分け方で納得する人はどのくらいいるだろう。昔の研究者は、植物の仲間だが光合成という生存戦略を捨てた生き物がキノコだと考えていたらしい。もちろん、現在の生き物の分け方ではキノコは植物ではない。

この生き物の分け方は今では全く使いづらいし、多くの部分で正しくない。しかしながら、1800年代までは生き物の研究をしている人たちの多くは、植物か動物かというこの方法でどうにかやりくりしていた。

顕微鏡が開発され、普段目にしない生き物が実はこの世にたくさんいるということが分かってくると、この動物の仲間か植物の仲間か、という分け方では何かと問題があることに気付いてきた。徐々にではあるが、紆余曲折を経ながら、より詳しく、より間違いが少なくなるように生き物の「分け方」は変化を遂げていく。

細胞の中身で分ける

20世紀の前半、地球の生き物を2つに分けるとしたら、という問いに対してもうひとつの分け方が提案された。

真核生物と原核生物である。

生き物の最小単位は細胞である。まずは我々の細胞の中を覗いてみよう。そこにはたくさんの小部屋がある。これらの細胞内にある小部屋はオルガネラや細胞小器官と呼ばれる。これらは決してむやみやたらと小分けにされているわけではない。それぞれの小部屋には、それぞれの大事な役割がある。その中でも、大事な小部屋のひとつが「核」である。この

「核」をもつ生物が真核生物と呼ばれる。

核とは、全遺伝情報であるゲノムがしまい込まれている小部屋のことである。ゲノムと聞いても、耳慣れないか耳にしたことはあっても普段使わない言葉だろう。友人に会っても「最近、ゲノムの調子どう？」なんて話したことなどない。

ゲノムとは、例えば生命の設計図、というイメージである。核は設計図が置いてある資料室を想像してほしい。そう、核やゲノムとは、すべてではないが無視できないレベルで我々の生命を決めているものである。

同じような意味として混同されがちなのがＤＮＡという言葉である。ＤＮＡは、デオキシリボ核酸を英語で書いたときの（DeoxyriboNucleic Acid）の略称である。ＤＮＡとはつまり物質名であり、ゲノムを構成する極めて重要な材料である。それと同時に設計図に書かれている情報そのものでもある。ゲノムを設計図とするなら、ＤＮＡは設計図が書かれた台紙であり文字だろうか。

もうひとつ、大事なのだがややこしい言葉として「遺伝子」もある。これは生命を維持するための道具のひとつであるタンパク質などの作り方が書かれている。つまり、設計図の各項目だと思ってほしい。

核	ゲノムの入った小部屋
染色体	小部屋の中の本棚
ゲノム	生命を維持するための設計図
遺伝子	設計図の各項目
DNA	設計図の材料（台紙）であり文字
タンパク質	遺伝子に書かれた情報をもとに作られる生命維持の道具の一種

図表1　遺伝情報にまつわる言葉

ゲノムは、核の中では特定のタンパク質と結合しているが、このまとまった状態を染色体と呼ぶ。棒状になっている染色体は、多くの場合、細胞が分裂するタイミングで見られる。核という資料室の中で、ナンバリングされた本棚に一時的に設計図がまとめられている様子を想像してほしい。

遺伝子は英語でGene（ジーン）と書く。そこにChromosome（染色体：クロモソーム）という言葉が合わさってGenome（ジノーム、和名：ゲノム）という言葉が生まれた。また、「すべて」という意味の-ome（オーム）も言葉に含まれており、全遺伝情報という意味をもつ。

この真核生物というカテゴリーには、動物もキノコも植物も入る。もちろん昆虫、爬虫類、鳥、両生類、ありとあらゆる目に見える生き物のすべてが入ると言っても過言ではない。

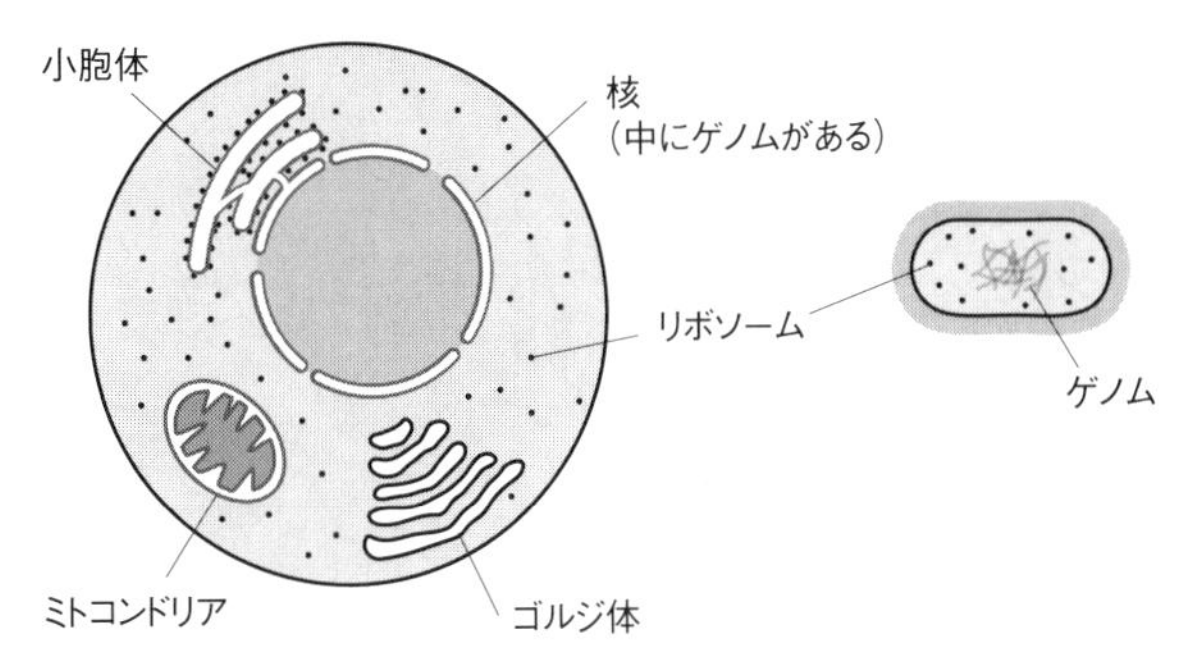

図表2　真核生物と原核生物の細胞

次に、目に見えない生き物はどうだろう。比較的身近なバイ菌である大腸菌の細胞の中身を覗いてみると、極めてシンプルだ。細胞内に小部屋は見当たらない。つまり、核は大腸菌には存在せず、ゲノムは何かにしまい込まれていない。とはいえ、細胞内に完全にむき出しの状態になっているわけではなく、ある程度の塊になっている。資料室には入っていないけど、クリップやファイルでまとめられている、といったイメージだろうか。この構造を核様体と呼ぶ。

このような核をもたない生き物を原核生物と呼ぶ。

ただし、詳細は後述するが、目に見える生き物は真核生物であるのに対し、目に見えないからと言って必ずしも原核生物とは限らないのが生き物の複雑なところだ。

ミクロの世界を切り開いた変人

原核生物はそもそもどういう経緯で発見されたのだろうか。動物や植物などの普段目にする真核生物と違い、日常生活で目にすることはないのに。彼らのほぼすべては顕微鏡でないと見ることができないし、存在そのものを意識する機会といえば食中毒や体調不良を気にかけたときくらいだ。

と、この原稿を書いているとき、コロナ禍という、まさに病気の源となる〝目に見えない〟モノを意識せざるをえない状況であった。ただし、この場合の原因はウイルスであり、原核生物とはまた違うものなので注意が必要だ。そもそもウイルスが生き物なのかどうかも微妙なところではあるが。

原核生物は目に見えないから顕微鏡で見るしか手段はない。だから原核生物を最初に発見したのは、必然的に高精度の顕微鏡を開発した人かそれに近しい人だ。

もしかしたら多くの人は、その人が大学に勤める研究者の誰かだと思っているかもしれない。顕微鏡を家でゼロから作り上げることができる人は少ないだろうし、そもそも目に見えない微小な生き物を観察しようとする人は、それを生業（なりわい）にしている人かよほどの変人だ。ちなみに筆者が所属する大学では、この言葉は褒め言葉であることに注意してほしい。しかし実際には、大学に勤める研究者ではなかった。まして大学で教育を受けた知識人でもなかった。生き物の生存戦略は多様であるが、たった一人で多様な生き方をした人物が、それまで知られることのなかった世界を切り開いた。顕微鏡を家でゼロから作り上げることができる人は少ないと書いたが、まさにそれをやってのけたのだ。

原核生物を最初に観察したのはオランダに住む織物を扱う商人であった。彼はあるときは役人でもあり、またあるときはワインの計量士であった。アントニ・ファン・レーウェンフック（Anthony van Leeuwenhoek）という名の彼は、自ら顕微鏡を作成し、様々なサンプルを観察することでそれまで誰も見たことのなかった世界を文字通り覗き見たのである。

彼の自作顕微鏡は、おおよそ5センチ×2・5センチの小さな金属板に直径1ミリの極小レンズをはめ込んだシンプルなものであったが、精度の良いものはおおよそ250倍以上の倍率をもっていたと考えられている。レーウェンフックも使っていたであろう、織物商が生地の質を見るときに使うルーペから、ミクロの世界への道が始まったようである。

ちなみに筆者が担当していた微生物学実習で学生が使用している顕微鏡は、100から1000倍で微生物を観察しているが、当時すでにレーウェンフックの手作り顕微鏡は現代の学生と似たようなレベルで観察ができたものと推察される。

「役に立つのかに興味はない」

レーウェンフックが顕微鏡を使って微生物を観察していたのは、実に1670年代のことであり、日本では江戸時代の初期である。彼は胡椒水にわいた微生物や歯についた歯垢にいる微生物を観察したり、精液に精子が含まれていることを観察したり、さらには赤血球を観察したりした。人間という生き物の中の、そして周りの微小な世界を目の当たりにしたのだ。

これらの観察結果の中に、今でいう原核生物が含まれていた。これは微生物学において画期的発見であった。しかしレーウェンフックの功績はそれらにとどまらない。

今でこそ、すべての生物には親がいて子が生まれると分かっている。そうでなければ、バイ菌やカビのように分裂して増える。ゼロから生き物が生まれることなどない。

しかし当時は違った。食事中の方がいたら申し訳ないが、肉などが腐ってうじが湧くのは、自然に発生するからだと考えられていた。すなわち、当時の考え方で言う「下等な生き物」は「無」から突然誕生するのだと理解されていたのだ。

レーウェンフックはうじやノミも卵から生まれることを顕微鏡で観察し、生き物がたとえ「下等」であっても無から生まれるわけではないことを示した。それがきちんと実験的に証明されたのは19世紀に入ってからではあったが、レーウェンフックも観察によって生き物がどうやって誕生するのかという理解の進展に貢献していたのだ。

レーウェンフックは、ミクロの世界の観察記録が功績として認められたわけであるが、研究者として生計を立てることはなかった。先述したようにレーウェンフックは織物商の他にも、役人、ワイン計量士などとして働いていた。また有名なところでは、『真珠の耳飾りの少女』などの作品で知られるヨハネス・フェルメールの遺産管財人を務めた。

多くの人が疑問に思っただろうが、なんのためにレーウェンフックは苦労を重ねて高解像度の顕微鏡を自作し、ミクロの世界を観察し続けたのだろうか。お金がもらえるわけでも、それが生業というわけでもないというのに。

「『それが何の役に立つのですか』という質問には興味がありません」

これがレーウェンフックの答えだったようだ。「何かのために」という意識はほとんどなかったようである。ただ、やってみたかった、見てみたかったから作ってみた。彼の強い好奇心とフットワークの軽さによって、研究者として生計を立てていたわけでない彼が、研究の世界で歴史に名を遺す功績を打ち立てたのである。

ちなみに最初に原核生物を観察したのはレーウェンフックであったが、目に見えない微小な生き物を最初に観察したのは彼ではない。レーウェンフックが観察するよりもほんの少し前、ロンドン王立協会のロバート・フック（Robert Hooke）という研究者も顕微鏡を作成して微小な生き物の観察をしている。

フックは微小なカビの一種であるケカビと思われる生き物の観察スケッチを本の中で残している。カビは真核生物であり、これが微小な真核生物、つまり真核微生物の最初の正式な観察記録と思われる。

レーウェンフックとは異なり、フックは物理学の「フックの法則」で知られる研究者で、研究を中心に生計を営んでいた。フックも物理学者でありながら、様々な分野の研究に手を出し口を出す、興味が尽きない議論好きの人間だったようだ。

ちなみに、レーウェンフックの観察結果をオランダの町で埋もれさせてしまうことなく、科学の世界に紹介するのに一役買ったのが、まさにフックである。

レーウェンフックの陰に隠れがちであるが、フックという研究者もまた同様に「微生物学の父」であると言う人もいる。

その後、18世紀から20世紀初頭の研究者たちは、さらに観察を続け、微小な生物には核がないものがいることに気付いた。そのような核のない生き物は、モネラや原核生物などと呼ばれることとなった。

核のない生き物を分類すると……

流行とは恐ろしいもので、ある年は皆知っているものも、次の年には全く見なくなったり聞かなくなったりする。そしてまたある年には別のものが大流行する。

真核生物と原核生物という区別も、次に紹介する3ドメイン仮説とエオサイト仮説も、そんな感じである。

真核生物はいろいろな生き物から構成されている。人間を含めた哺乳(ほにゅう)類、魚、鳥、昆虫、サンゴ、陸上植物、ノリ、コケ、コンブなどなど名前を挙げればきりがない。

詳細な生き物の名前や性質は他の専門書に譲るとして、ここでは生き物の大きなまとまりである「ドメイン」について書こうと思う。

20世紀に入ってから、核がない生き物は原核生物とかモネラなどと呼ばれていた。そう呼ばれるカテゴリーを作ったということは、核のない生き物はひとつのまとまりであるという認識があったと推察される。

確かに、核をもつ生き物ともたない生き物の間には大きなギャップを感じる。核をもつ真核生物と核をもたない原核生物という分け方は非常に妥当であると思われた。しかし実際はそんなに単純ではなかった。

カール・ウーズ（Carl Richard Woese）という研究者がいた。彼はあるモノを使って生き物のカタログを作ろうと挑戦した人である。

あるモノとは、遺伝子の情報だ。遺伝子は、生きるうえで必要な道具の作り方が書いてある設計図（ゲノム）の項目のようなものである。項目通りに作れば、生きるための道具がひとつできる。

大腸菌の設計図には、４０００から５８００程度の遺伝子が書かれている。一方で、人間の設計図には、２００００個以上の遺伝子が書かれている。生き物によって生き方が異なるので、設計図に書かれている項目はそれぞれ違っている。

しかしそれでも共通の項目は存在する。すべての生き物が必ず必要とする道具だ。それは例えば「道具を作るための道具」などだ。ＤＩＹで何かを作ろうと思ったら、まずＤＩＹで何かを作るためのノコギリのような道具が必要だろう。誰が何を作るにしても常に必要になる、そういうイメージだ。

ウーズが生き物の分類のために使ったのは、リボソームＲＮＡ遺伝子というすべての生き物が必ずもっていて、タンパク質を作るための道具として働く遺伝子だった。

この遺伝子を調べたウーズは、原核生物が２つの異なるタイプの生き物から構成されていることに気付いた。これらは真正細菌と古細菌と名付けられた。

真正細菌とは、我々がよく日常生活で耳にすることがある生き物が含まれる。大腸菌は真正細菌だ。あと、納豆を作る枯草（こそう）菌やヨーグルトを作る乳酸菌も真正細菌だ。そういう意味で真正細菌は比較的身近な存在である。

一方で、古細菌は我々人間の日常生活にあまり登場しない、いわゆる「じゃない方」である。古細菌という名称は、そのころに知られていた古細菌に属する生き物の生息している環境に由来している。今では古細菌が様々な環境から見つかることが分かっているが、当時知られていた環境は人間が住めない極限環境という、あたかも原始の地球を再現しているような場所であったためである。

生き物を正しく理解するということ

ウーズは、地球上のすべての生き物が真核生物と真正細菌、古細菌という3つの大きなまとまり（ドメイン）に分けられるという3ドメイン仮説を提唱した。核の有無から原核生物と真核生物という2つの大きなまとまりに分けることに執着する一部の研究者からかなりの批判があったものの、3ドメイン仮説はリボソーム遺伝子という客観的なデータによって裏付けされ広まっていった。

一時はこの3ドメイン仮説が主流であった。おそらくいろんな教科書にも掲載されていると思う。しかし、3ドメイン仮説の提唱から約20年後の2010年くらいから風向きが変わってきた。古細菌というひとまとまりのドメインがあるか、かなり疑わしくなってきたのだ。

というのも、ゲノムを用いた研究で、古細菌と呼ばれる生き物のうちの一部が、真核生

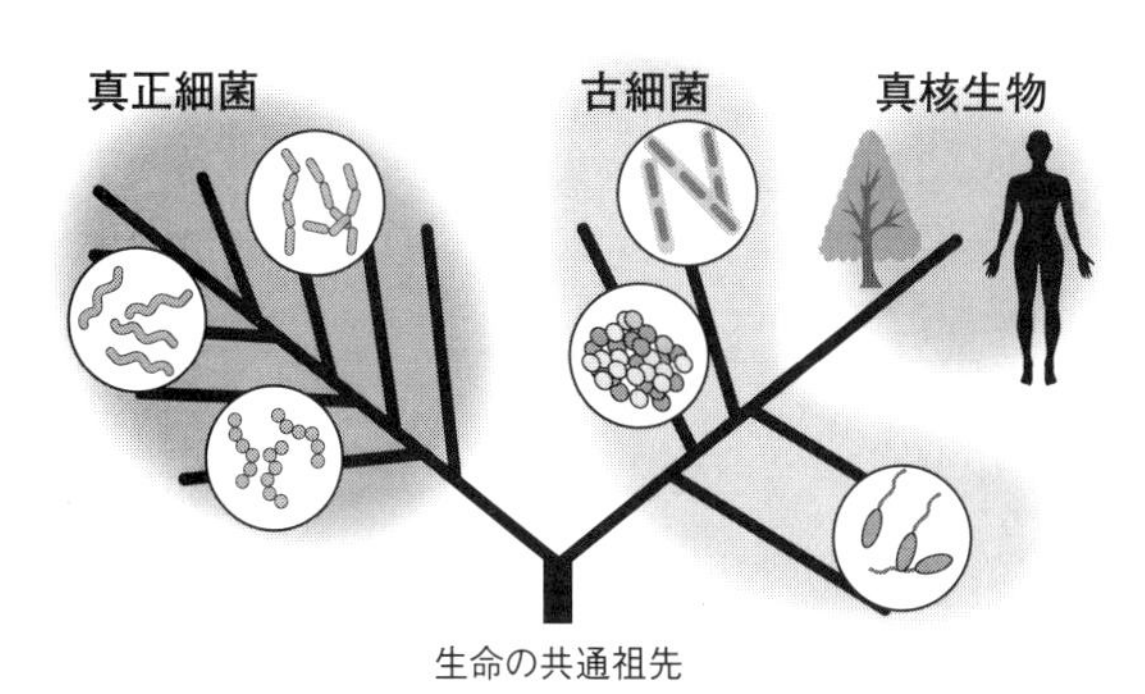

図表３　真正細菌・古細菌・真核生物の関係

物と近縁である可能性が高くなってきたのだ。つまり、古細菌と呼ばれる生き物の中から真核生物が誕生したことになる。

研究者の中には、「生き物は２つのドメインに分けるくらいで十分だ。真正細菌と、真核生物＋古細菌だ」なんて主張する人もいる。これはエオサイト仮説と呼ばれるものに準ずる主張であるが、実はこのエオサイト仮説は、ウーズの３ドメイン仮説が出る以前からあったが、長いこと日の目を見なかった仮説であった。ウーズの３ドメイン仮説の陰に隠れ数十年忘れられていたが、ゲノムという研究材料を我々が比較的気軽に扱えるようになってきたことで、エオサイト仮説は再びスポットライトを浴びることになった。

別の章で紹介するが、最近、海洋研究開発機構（ＪＡＭＳＴＥＣ）のグループが、真核生物に現段階で最も近縁とされる古細菌の培養に成功したというニュースが、『Ｓｃｉｅｎｃｅ』という科学雑誌の２０１９年の十大ニュースとして取り上げられている。

つまり、科学の世界での主流が必ずしも正解ではない、ということだ。

核がない生き物という意味の原核生物も、はじめはそういう生き物のグループがあるという考え方があった。しかし原核生物のうち、あるものは真核生物に特に近縁で、別のものは特に近くもないというふうに、原核生物というひとつのまとまりではなくなってしまった。原核生物という言葉は、現段階では生き物としてのまとまりではなく、細胞の特徴を表す言葉になったと言ってもいいかもしれない。

同じように「古細菌という生き物はひとつのまとまりではなく、真核生物のグループに近いものとそうでないものというふうに細かく分かれている」というエオサイト仮説に近いものが現在では主流となっている。もちろん、これがまたいつ覆るかわからない。

生き物を正しく理解する研究というのは、

新しい発見→新しい解釈→別の新しい発見→別の解釈→さらに新しい発見→……

を繰り返していくことである。一周回って、実は最初の仮説が正しかった、なんてこともありえなくはない。「真実はいつもひとつ」とばかりにシンプルに進まないのが研究なのだろう。

人間はカビに近いといえる理由

家系図というものがある。

自分からさかのぼって親がいて、その親にも親がいて、そのまた親にも親がいて……と線でつなぎながらご先祖様をさかのぼっていくアレだ。読者の中にはご自身の家系図をお持ちの方もいるかもしれないが、筆者は自身のものは見たことがない。昔の武将についての歴史番組では何度か目にしたことがある程度である。

この家系図は、家が単位であるが、生き物にも「家系図」はある。これを我々は系統樹と呼んでいる。

系統樹とは、生き物が祖先から子孫へ進化して分かれていく様子を、まるで樹が根元から枝分かれしていくように描いたものである。直前に枝分かれした関係にあれば、それらは互いに最も近縁である。逆に系統樹上で離れた関係であれば、生物としても離れた関係

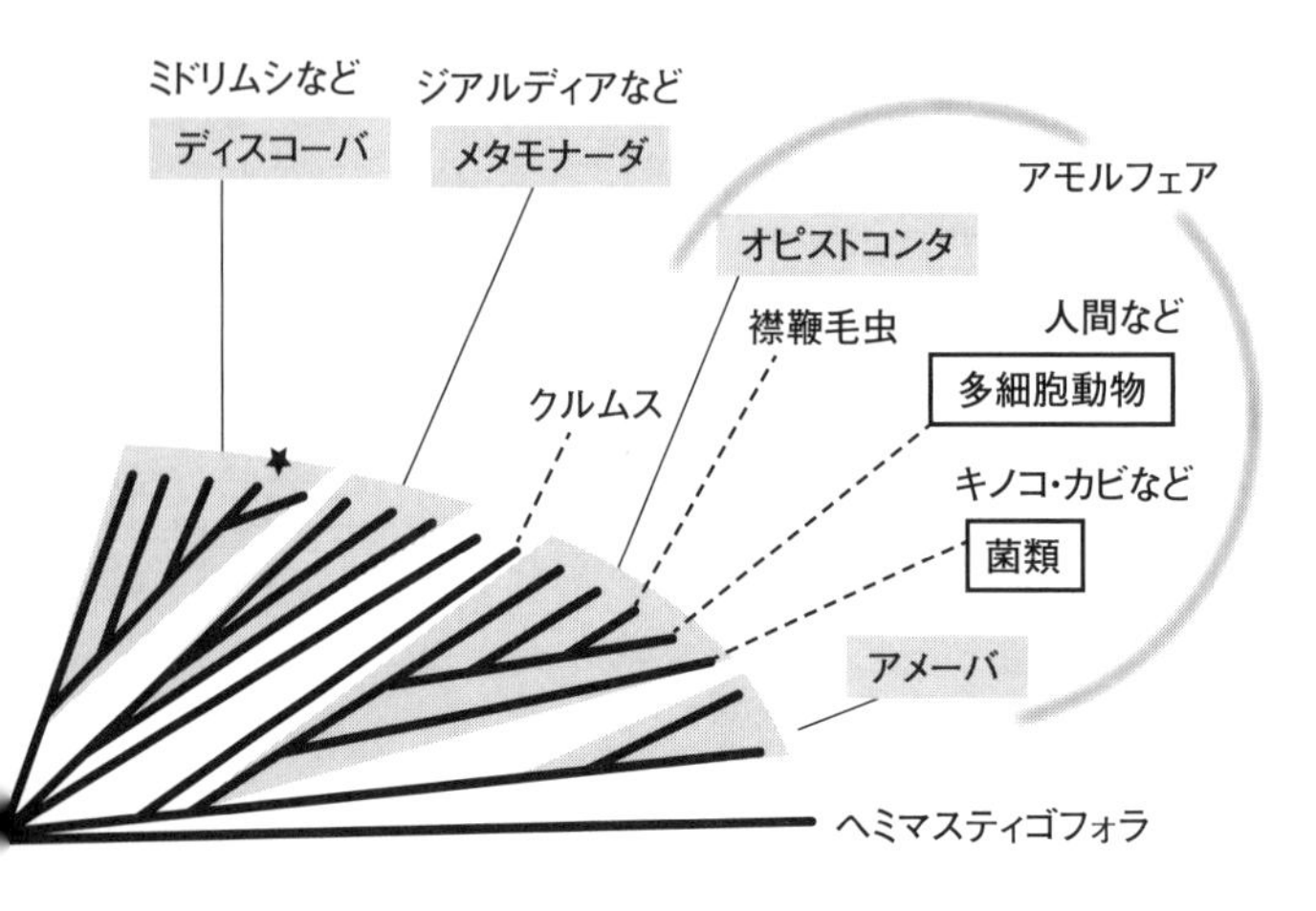

だ。

我々は人間なので、人間に近い所を考えてみよう。人間やその他の動物はもちろん、鳥、魚、両生類、爬虫類、そしてサンゴやホヤ、クラゲといった生き物まで、ひとつの近い仲間である。これらはメタゾアや後生動物などと呼ばれる。

後生動物は基本的に多細胞だが、近縁には単細胞の生き物がいる。真核生物である襟鞭毛虫（えりべんもうちゅう）やその仲間だ。次に近いのはカビやキノコを含む真菌類とそれらに近い真核生物の仲間である。この動物と菌類を含めた仲間はオピストコンタ

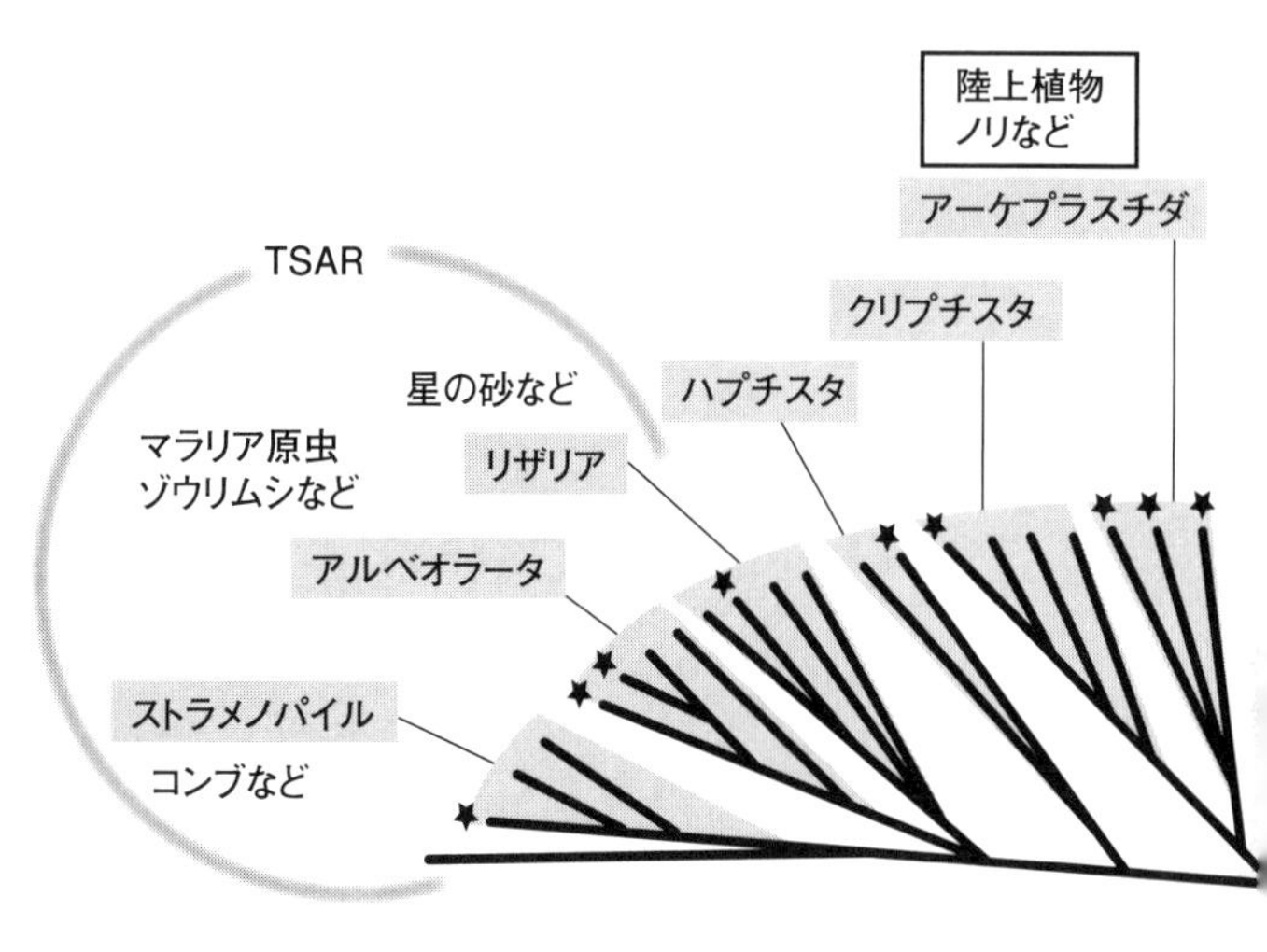

図表４　真核生物の進化の流れを描いた系統樹

と呼ばれている。後述するように、他にもたくさんの生き物がいる。生き物全体で見たときに動物は比較的カビに近いのである。

同じく「菌」という名前がついている粘菌という生き物がいる。粘菌には、社会性アメーバとして名高いキイロタマホコリカビが含まれる。「菌」とか「カビ」とか名前に付いているが、これらはカビや原核生物ではない。アメーバ生物という全く別の真核生物である。アメーバ生物には、その他にも赤痢の原因のひとつである赤痢

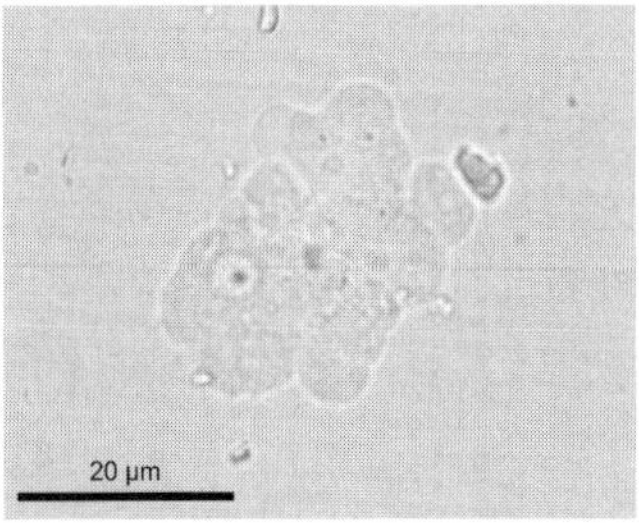

アメーバの仲間

アメーバ（*Entamoeba*）などがいる。

粘菌は餌があるときには単細胞で生活しているが、餌が枯渇すると集合体を作り、子実体と呼ばれる胞子塊を形成する。食料がある条件になると、再びアメーバ状になり単細胞で生活する。

後生動物、真菌類、アメーバ生物、そしてそれらに近縁な真核微生物を含めてアモルフェア（Amorphea）という大きなひとつのグループとして認識されている。

ノリとコンブは同じ仲間か

次に同じくなじみ深い陸上植物に近い生き物を考えてみよう。

陸上植物はストレプト植物という分類に含まれる。コケやシダ、絶滅危惧種が多いシャジクモや学校の学習教材として使用される単細胞のミカヅキモも同じようにストレプト植物である。ストレプト植物という仲間に近い関係にある生き物は、緑色をした単細胞の真核微生物である緑藻類である。

ストレプト植物、緑藻類、ノリの仲間を含む紅藻類、そして灰色藻類と呼ばれる生き物をまとめてアーケプラスチダ（Archaeplastida）と呼ぶ。ややこしいが、灰色藻類は決して灰色ではなく、むしろ青緑の単細胞生物である。これらはすべて光合成性である。

ひとつの細胞だけで生きている生き物を単細胞生物と呼ぶのに対し、動物や植物は多細胞生物と呼ばれる。ここで言う多細胞は、単に細胞が集まった塊のような状態とは区別する。簡単に言えば、バイ菌がたくさん集まってできた排水溝のヌルヌルは多細胞生物ではない、ということだ。

多細胞生物は、真核生物が多様化していく過程で何回も生まれている。寿司でおなじみのノリも同じく多細胞生物であるし、汁物で活躍するコンブやワカメもそうだ。汁物といえばアオノリも忘れてはいけない。ただし、それぞれ全く違う生き物だ。

ノリは先述のように紅藻類だ。紅藻類は多細胞のものも単細胞のものもいる。一方でアオノリは緑藻類の仲間である。緑藻類はその多くが単細胞であるが、多細胞に進化したものも少なくない。アオノリはその一種である。

一方で、コンブやワカメはストラメノパイルというグループに属し、どちらかといえばアメーバ状の有孔虫という生き物を含むグループやゾウリムシを含むグループに近い。あくまでどちらかといえば、であるが。

有孔虫は星の砂として有名だ。星の砂は、よく瓶詰にされてお土産などで売られているが、元々は有孔虫という単細胞の真核微生物が作った石灰石の殻だ。有孔虫という生き物はリザリアと呼ばれるグループに属する。

ゾウリムシは、顕微鏡下で細胞全体が毛だらけのように見える単細胞の真核生物である。実際に細胞の表面は繊毛（せんもう）と呼ばれるものでおおわれているものが多い。ゾウリムシはアルベオラータと呼ばれるグループの一員だ。

見た目が似ていても、遠い関係にある違う生き物であることもあるし、見た目が全然違っていても極めて近い関係にあることもある。生き物の関係をより深く知ろうとすればするほど、かなり奥が深いのだ。そして本書を読めば読むほど真核生物の多様性とは複雑で、その研究が紆余曲折を経ていることが理解してもらえるのではないかと思う。

多様すぎる真核生物

動物を含むアモルフェアと陸上植物を含むアーケプラスチダがある、というのは先に述べた。どちらも多くの単細胞生物が含まれている。

真核生物の中のその他の大きなまとまりとしては、クリプチスタ、ハプチスタ、TSAR（テロネマ、ストラメノパイル、アルベオラータ、リザリアの4つをまとめたグループ）、メタモナーダ、ディスコーバという大きなグループが認められている。横文字だらけの名前のこれらのグループは、別に筆者が気取ってそう書いているわけではない。一般化された和名がないのだ。

これらはほぼすべて単細胞の真核微生物の仲間である。その中にコンブやワカメなどの多細胞の仲間がぽつぽつと含まれる、という感じだ。カタカナばかりの様々な名前を羅列したが、ここで大事なのは名前を知ってもらうことではない。

肝心なのは、「あれ？　単細胞の真核微生物って意外に多くない？」と気付いてもらうことである。

数十年前に提唱された五界説という言葉を聞いたことがあると思う。ロバート・ホイタッカー（Robert Whittaker）が1969年に発表した生物の多様性を表す仮説である。これも3ドメイン仮説と同様に、教科書に載っている有名どころだ。ホイタッカーの五界説では生物を以下のように分けている。

動物界：核をもち、多細胞である。栄養は消化と吸収によって行う。
植物界：核をもち、多細胞である。栄養は光合成によって得る。
菌界：核をもち、単細胞か単細胞が凝集したもの。栄養は吸収によって得る。
原生生物界：核をもち、単細胞か単細胞が凝集したもの。
モネラ界：核をもたない。

ここではモネラ界がいわゆる原核生物で、それ以外は真核生物である。

この中で、ホイタッカーの動物界には現在のいろんな後生動物が含まれている。

植物界には、ストレプト植物に加えて、紅藻類、緑藻類、さらにはコンブなどの褐藻類を合わせたものが含まれる。先に述べたように、褐藻類はホイタッカーの植物界に含まれている他のものとは離れた生き物だ。

そして菌界には、現在の真菌類に加えて菌類っぽく見えるが菌類ではない生き物や、アメーバ生物である粘菌が含まれていた。

原生生物界は、真核生物のうち動物でもなく、植物でもなく、真菌でもない「その他もろもろ」のような扱いだ。しかし実際は違う。先に述べたように、単細胞の真核生物は、真核生物の多様性の中で無視できないほど大部分を占めている。

彼らはホイタッカーの五界説をはじめとする過去の分類方法で「原生生物」としてひとつのグループにまとめられてしまったものの、実際はホイタッカー自身が認めているようにひとつのグループにまとまらないのだ。

モネラ界は原核生物に相当するグループであり、動物界などと同じような扱いである。しかし、先述したように、原核生物は真正細菌と古細菌からなり、真核生物と同じかそれ以上に多様な生き物たちを指している。さらに繰り返しになるが、古細菌の中の一部が真核生物の祖先となったのだから、現段階では「原核生物」という生き物としてのまとまりは存在しないと考えるのが妥当だろう。原核生物とは、あくまで核がない生き物という特徴を表す言葉であるはずだ。

五界説は、一時期主流の考え方だった。確かに5つのグループにシンプルにまとめてしまえば、生き物の多様性は考えやすい。しかしシンプルなものが常に正しいとは限らない。そして主流なものが正解とは限らない。

2021年の段階では、真核生物の多様性は先の系統樹のようにカテゴリー分けされているが、数年後、どうなっているかは誰にも分からない。ここでは五界説を比較に挙げて、あたかもやり玉に挙げているように読めてしまったかもしれない。しかし、そうではない。生き物の多様性と進化に関する我々の理解は少しずつ深まっているはずであるし、それに伴って過去の常識はアップデートされている、というだけである。

　そして現在の系統樹も、真核生物の祖先についても、これから数十年すればさらにアップデートされるだろう。１６０年前に発表されたダーウィンの進化説が、現在決してそのまま受け入れられているわけではないように。

すべての進化は偶然から

〝進化〟という言葉がキーワードとなって出てくるあるゲームがある。可愛らしかったり格好いいモンスターを戦わせたりして〝進化〟させていくゲームだ。小さい子にも、そしてもちろん学生にも、ゲームというエンターテインメントを通じて〝進化〟という言葉が浸透していくのは非常に喜ばしい。ただ、この本は多分大人向けであるので少々注釈をつけておきたい。

　このゲームにおける〝進化〟の例を考えよう。ある黄色いハムスターのような可愛らしいモンスターPがいる。この可愛らしい黄色のモンスターは「ある石」を使うことで別のモンスターRに〝進化〟する。〝進化〟した方が強いのだが、外見は元のPの方が人気のようだ。そして可愛らしい黄色のモンスターPは、より小さな別のモンスターpが「よくなつき、レベルアップして」〝進化〟したもの、という設定になっている。

ん？　こ、このp→P→Rの〝進化〟ってむしろ成長では？

さらにこんな記述をネット上で見つけてしまった。

「オスのPとメスのPから生まれた卵からはpが孵る」

やっぱり……いや、ゲームの中のお話なのでこれ以上は言うまい。皆さんが思い思いに楽しんでくれれば全く問題ない。ただし、実際の進化は意味合いが異なる。

進化とは、ある生き物の集団において、次世代以降にも遺伝する特徴が変化していくことだ。遺伝しないものがどうなろうとあまり関係ないと考えて差し支えないだろう。筋トレしてムキムキになってもそれは進化ではないのだ。あくまでキリンの首の長さとか、ゾウの鼻の長さとか、生まれてくる子にも受け継がれる特徴の話である。

そしてその変化が、ある生き物の集団の中で広がっていく（遺伝する）ためには、変化したものが子孫をたくさん作ることができればいい。これは自然選択と呼ばれるもので、いわゆる有利なものが子孫をたくさん残して生き残るわけだ。

一方、不確定要素で、子孫がたくさん作れなくても次世代に残る場合もある。こちらは遺伝的浮動といって、たまたま生き残って集団内のマジョリティーになる。有利不利に関係なく、集団内の生き物の数が急激に減ってしまったときなどに特に起こりやすいとされる。

そして生き物の特徴に変化が生じるのは偶然だ。

細胞には生命の設計図であるゲノムがあり、ゲノムには生きるために必要な項目である遺伝子があると書いた。親から子へ、子から孫へと、このゲノムは受け継がれていく。その際、ゲノムでは書き写したコピーが作られ、コピーが次世代へ、そしてまた書き写されたコピーが次世代へと伝えられていく。

遺伝する特徴が変化することとは、つまりこのゲノムのあるページに写し間違いや書き間違い、書き足し、別の設計図の追加などがうっかり生じることから始まる。そんな間違いが起こるように生き物はできている。突然変異とか組み換えとか重複とか遺伝子水平伝播とか呼ばれるこの「うっかり」の類はある頻度で至る所で起きているのだ。

変化によって、それまでとは機能が少し異なったり全く新しい道具を作ったりするための項目になる。結果的に、それは生き物の特徴を変えることもあるだろう。その変化が、次世代に受け継がれていくことで進化が起こる。

進化とは偶然の産物であり、より良くなろう、より有利になろうと思ってできることではないのだ。たまたま起きた変化がたまたま有利だったために、次世代に残ったり遺伝的浮動で受け継がれたりすれば起こるというだけだ。

有利かどうかも、そのときの環境や天敵の存在に左右されてしまうのだから、偶然といえば偶然といえてしまうかもしれない。

どう進化しよう、どう進化させようなんて考えるのは人間くらいで、他のすべての生き物は考えていない。進化は偶然の産物なのだ。

人間は別に偉くない

もうひとつ大事なことがある。より強くなる、より良くなるというイメージも実際の進化とは違っている。

変化が遺伝して集団の中で広がることが進化なのだから、別により良くなくてもいい。別に有利でも不利でもない変化も次世代に受け継がれて、ある集団の中で広がっていけば進化だ。先述した遺伝的浮動という偶然の要素がそれを可能にする。

一方で、多くの文献で「高等生物」や「下等生物」という言葉が用いられている。どうやら進化の流れと現在の単細胞の真核微生物について、少々誤解があるようだ。この点は非常に大事なことなので、本章の最後に実際の生き物を例に書こうと思う。PとかRとかのゲームの話ではなくて。

それは多細胞生物と単細胞生物の関係だ。これは後生動物と単細胞の襟鞭毛虫の関係や、陸上植物と緑藻類の関係に相当する。

一部の人たちは、多細胞の動物や植物、真菌類の一部は「高等」でより進化していて、単細胞の真菌類や原生生物は「下等」で原始的であると考えているのかもしれない。しかし、進化とはあくまで「集団の中で次世代に遺伝する特徴が変化する」ことを指す。「より進歩する」とか「より良いものになる」、「より複雑になる」という意味は含んでいない。

後生動物や陸上植物といった多細胞の生き物に、襟鞭毛虫やミカヅキモや緑藻類のような単細胞の親戚がいるということは、多細胞生物は単細胞の生き物から進化してきたことを示している。これは事実だろう。

しかしこれは別に単細胞＝原始的、多細胞＝高度に進化、を直接意味しているわけではない。今いる単細胞の生き物が、今いる多細胞の生き物のご先祖様ではないからだ。多細胞生物の祖先だった単細胞の生き物と、現在生きている単細胞の生き物は全く異なる生き物だ。

襟鞭毛虫やミカヅキモや緑藻類は今も単細胞だが、進化していないなんてことはない。昔いた単細胞の生き物から進化した上で、まだ単細胞のままでいるというだけである。単細胞の真核微生物は下等でも原始的でもない、「立派な単細胞の生き物」なのだ。

同じように、多細胞でできている我々は別に「高等」で偉いわけではない。複雑な体の構造や大きな脳、樹木の幹も、所詮は生き物の大きな多様性のひとつでしかない。最初の生命が生まれた瞬間から生き物は進化を続け、様々な生き物として分かれていった。そして現在見られる生き物の多様性がある。

決して真核微生物が原始的なわけではないし、もちろん人間をはじめとする多細胞動物が高度に進化した高等な生き物ではない。すべての生き物は同じ時代を共に生きる同級生なのだから。

第2章

他力本願ですが何か?

人間の細胞の数は何個?

世の中には知っているつもりで知らないことが山ほどある。事実、我々は自分の体のことさえもよく知らない。

ヒトは真核生物であり、そして多細胞生物だ。ひとつひとつの細胞がブロックのように積み上げられ我々の体はできている。もちろん臓器や役割ごとに細胞の形も性質も全く異なる。最初はひとつの受精卵から命を受けた我々だが、成長するにつれいろいろな細胞へと分化し、体を作り上げる。

さて、そんな私たちの体であるが、いったいいくつの細胞からできているかご存じだろうか?

2013年にイタリア・ギリシャ・スペインの研究者が発表した論文によると、3000以上の過去の文献を調査し、以下の結論を得たという。

・文献によって、人間の体を構成する細胞数に幅がある
・ほぼすべての文献で、紹介している細胞数に根拠が書かれていない

なんと多くの書籍や雑誌に載っている人間の細胞数は根拠のないものであり、多くの人はそれらを鵜呑みにしていたのである。

その論文では同時に、できるだけ正確を期した推定値を探ろうと試み、約37兆個という数値をはじき出している。もちろん、まだ〝現段階の推定値〟だ。

つまり、過去よりはずいぶんと正解に近づきつつあると思うが、我々はまだ自分の体がいったいいくつの細胞でできているのかすら知らない。

ここで質問だ。

人間は生きていくためにどのくらいの数の細胞が必要でしょうか？

3択で選んでください。

①37兆個より少ない　②37兆個　③37兆個より多い

これは筆者が以前担当していた学生（文系・理系問わず）が参加する実習初日に必ずしていた問いである。

「約37兆個が人間の体にある細胞として、働いてない細胞もあるだろうから37兆個以下」と考えた人もいるだろう。「37兆個の細胞でできているんだから37兆個でしょ」という人もいるだろう。しかし答えはどちらでもない。

答えは③の「37兆個より多い」である。

我々の体ではこれらの細胞が栄養を摂取し、分解してエネルギーを取り出す代謝という活動を行い、さらには侵入してきた微生物やウイルスをやっつけるために免疫力を高めている。

実はこれらのすべてに、人間以外の細胞が関わる。人間は自身のもつ細胞だけでは生きていけないのだ。

我々は微生物の世界にお邪魔している

人間の体にいる「人間以外」の細胞の数は、自らの細胞の100倍以上だと言われている。

そのひとつに、腸内微生物がいる。一口に腸内微生物といっても、人によって腸内細菌の中身はがらりと変わる。例えばノリは分解しにくい物質を多く含んでいるものの、ノリを食べる日本人の腸にはそれを分解できる真正細菌がいる。これは食事や文化によって腸内微生物の役割や構成が変わるいい例だろう。

腸内には真正細菌もいれば古細菌もいる。そしてそれら同士での相互作用がある。ある真正細菌は食べ物の一部を分解して水素を出す。その水素を古細菌の一種が使ってエネルギーを作りつつ、メタンガスを放出する。

人間の健康状態を保つには、どの真正細菌がどういうものを分解して水素を出し、古細菌がどれだけ効率よく水素を使ってメタンガスを放出できるかが大事だという話もある。ちなみにメタンガスはおならに含まれるが無臭である。おならが臭いのは別のガスが出ているからである。

腸内微生物だけではない。真正細菌や真菌など皮膚にも様々なタイプの微生物がいて、有害な細菌や真菌が体で増えるのを防いでくれている。もちろん防いでくれているのは、我々人間が主観的にとらえた感情的な思いであって、別に真正細菌は「防いでやってる」と思っていない。

人間は別に最も進化した生き物ではないし、地球上で最も偉い生き物でもないので、微生物からしたらわざわざ助ける理由もない。彼らは人間の皮膚が都合がよい環境であるからそうしているだけで、結果的に人間にとって役に立っているにすぎない。

腸内微生物も同じである。彼らは別に人間のために腸内にいるわけではない。偶然入り込んだら居心地がよく栄養も来る便利な場所だったのでそこで生育し、結果的に人間もハッピーだったというだけだ。結局、腸内にいる微生物が己のために周りのものを利用し、その営みが結果として人間に良いように働いているわけである。

このように我々人間は、栄養補給も、代謝の調整も、免疫力も、有害な微生物が入ってこないようにすることなども、多くのことを腸内微生物に頼り、彼らの能力を利用している。我々人間を含めて生き物の周りは微生物だらけなのだ。

我々は目に見えるものをすべてだと思いがちである。そのため、地球の主役は動物や植物だと勘違いしてしまう。しかし、目に見えるものすべてに、目に見えない多種多様な微生物が存在する。

もはや我々自身についても、人間に微生物が付いているなどというレベルで考えない方がいい。むしろ人間やその他動物、そして植物が微生物の世界に入り込んでいるのである。

微生物たちのファインプレー

我々は小さいころから、「偏った食事をするな」「バランスよく食べろ」と耳にタコができるほど聞かされて育ってきた。

　では、他の生き物の世界ではどうだろうか。周りを見渡すと、バランスよく食事をしている生き物というのは珍しい。

　ウシは基本的に草ばかり食べる。見事なまでの偏食ではないか。同じように競馬場に行けば会えるウマも草ばかり食べている。草は分解しにくい繊維質が豊富なので、人間は効率よく消化してエネルギーを得るということができない。消化しにくい植物を食べるこれらの動物では、おなかの中の微生物がとても有効に働く。

　ウシのおなかの中では、微生物による発酵が行われている。焼肉が大好きな人はウシの胃がいくつも分かれていることはご存じだろう。主に口から一番近くにある第一胃という所で主な発酵が行われている。発酵とは、酸素がない状態で有機物を分解することだ。この場合での有機物とは、草の繊維や草に含まれるデンプン、タンパク質がそれにあたる。

　ウシのおなかの微生物の主役は真正細菌で、こちらは1ミリリットル（1リットルの1000分の1、つまりほんの少しの液体）あたりおよそ100億から1000億細胞くらいいる。こいつらが植物の繊維やデンプン、タンパク質を分解し、ウシが吸収できる栄養を作っている。同時に真正細菌自身はそこから必要な栄養やエネルギーを得て、代謝の残りカスとして水素ガスを出す。あくまで真正細菌は自分たちのために発酵している。

ただ、この残りカスがやっかいで、こいつが溜まっていると発酵が効率的に進まない。つまり真正細菌は栄養もエネルギーも得られないし、ウシからしても栄養があまり得られない。そこで活躍するのがメタン生成古細菌だ。

メタン生成古細菌は、消化管の中身1ミリリットルあたり1000万から100億細胞くらい存在しているらしい。彼らがこの残りカスの掃除役だ。水素を使って自らに必要なエネルギーを作り、そして残りカスとしてメタンガスを作る（もちろん自分たちが生きるためで誰かの尻ぬぐいや掃除が好きなわけではない）。

メタンガスは温室効果ガスの一種と位置付けられており、ウシのゲップとともに放出される。ウシは一頭当たり一日に数百リットルのメタンガスを放出するらしい。人間が関わる活動で放出される全メタンガスの30から40%が家畜からだと言われているから、かなりの量である。

この草の分解役の真正細菌と掃除役のメタン生成古細菌の間の連係プレーで、胃の中の水素ガス量は低く保たれているようである。真正細菌は自分たちの「餌の素」をせっせと分解してエネルギーを得ているだけだし、メタン生成古細菌からしても自分たちに必要な水素ガスがたくさんあるので都合よく利用しているだけだろう。結果的に発酵や消化が進み、ウシにも効率よく栄養が行き渡ることになる。

ウシのおなかの微生物は真正細菌と古細菌だけではない。単細胞の真核生物もいる。酸素を必要としないネオカリマスティクス（*Neocallimastix*）などのカビの仲間（嫌気性真菌）やエントディニウム（*Entodinium*）などの同じく酸素を必要としないゾウリムシの仲間（嫌気性繊毛虫）だ。どちらも1ミリリットルあたり1000から100万細胞いると言われていて、どちらもウシが食べた草の消化・分解に一役買っている。

乏しい栄養でも動物たちが生きていける理由

ここで出てきた嫌気性繊毛虫は、同じ繊毛虫の仲間のゾウリムシと違って、酸素がないか極めて少ない場所で生きることができる。この嫌気性繊毛虫も、メタンガスを出して温室効果ガスの発生源にもなっている。

嫌気性繊毛虫がウシのおなかからいなくなると、メタンガスの量が無視できないくらい減るらしい。ということはウシの消化にとってはそれなりの貢献度がありそうである。

ところがメタンガスは嫌気性繊毛虫自身の力で作られているわけではない。実際にメタンガスを作っているのは嫌気性繊毛虫の細胞に入り込んだ共生メタン生成古細菌だ。

メタン生成古細菌は、もちろん自力で（他力も使いながら）メタンガスを作ることができる。一方で、ある種のメタン生成古細菌は嫌気性繊毛虫の中に入り込み、嫌気性繊毛虫から出てくる水素を使い、エネルギーとメタンガスを作って生きている。ちなみに細胞内メタン生成古細菌は、水素をもらうだけでなくアミノ酸やビタミンの一種も嫌気性繊毛虫に依存しないと、生きていけないようになってしまっている。

この〝宿〟となっている嫌気性繊毛虫は、メタンガスを出したり、ウシが食べた草を分解したりするのに加えて、おなかの中の真正細菌や古細菌を餌として食べる。こうして様々な役割を担いながら、ウシのおなかの中で微生物の多様性にバランサーとして影響を与えているのである。

ちなみに発酵が行われる場所は、ウシでは消化管の前半部で、ウマでは後半部でというふうに、動物によって違う。ウシは消化管の前半部で発酵させ、反芻（はんすう）を繰り返しながら徐々に消化を進めていき、消化から得られた栄養は成長や牛乳を作るのに使われる。

その結果何が起こるかというと、草の消化・分解に貢献してきた微生物たちの多くは、最終的に消化・分解されていく。ウシは、食べた草に加えて、発酵を頑張ってくれた微生物からもタンパク質やアミノ酸を余分に得ているのだ。

微生物もろとも消化して栄養にしてしまうと聞くと、文字通り身を粉にして働き、最後は命もろともウシの糧にされるという悲しい物語のように感じてしまう。我々にとっては、まるでブラック企業とそこで働く人々のような悲しい関係である。

しかし繰り返しになるが言っておこう。おなかの中の微生物は、別にウシのために発酵や分解を行っているわけではない。たまたま入り込んだ微生物にとって、増えるための環境と栄養があり、その過程でできる物質がウシの栄養になったから、このような関係が続いているというだけである。

消化によって微生物も絶滅するわけではなく、一部は胃の中に生き残り、また発酵を行いながら増えていく。一応、どちらにとってもおいしい関係であるからこそ続いているのかもしれない。

一方で、ウマやウサギなどの動物は大腸で発酵を行うので、微生物を消化するチャンスがない。あとはお尻の穴から出すだけだ。残念ながら、ウシと違ってウマやウサギはおなかの微生物まで栄養にすることはできないようである。主観的な感情を表に出して極めて非科学的に言えば、こちらは比較的「ホワイトな」関係と言えるかもしれない。

セミやアブラムシ、シロアリも同じように栄養に乏しい食べ物で生きている昆虫である。シロアリは木材を食べるが、腸内にいる様々な微生物が不足する栄養を補う。セミやアブラムシなどはアミノ酸に乏しい樹液を吸って生きているが、彼らの体内には共生細菌が存在し、栄養不足を補っている。

人間からすると「え？　こんなん食べるん？」というものを食べている生き物というのは、たいてい人間にはいない共生生物を利用している。

究極の偏食者のずるい（？）戦略

さらに究極の偏食者として思いつくのは、陸上植物だろう。

我々人間と違って、草や木はモノを食べることすらない。彼らに必要なものは、水と光と二酸化炭素、窒素、そしてリンなどのミネラルだ。それらを根や葉から吸収して生きている。彼らは光合成しているからだ。

光合成では、光のエネルギーは細胞内で利用可能な物質に変換され、その過程で酸素が発生する。光合成によって変換されたエネルギーは、二酸化炭素を使って糖を作るのに使われたり、さらに細胞の材料であるアミノ酸や脂肪酸を作ったりと、生きていくうえで必要なものを作り出すために利用される。

だから植物は動くことなく、モノを食べることなく、太陽の光をできるだけ利用することで生きていくことができる。植物以外の生き物からしたら、こんな便利な能力を利用しない手はない。

光合成しない生き物も、光合成する生き物と共生関係にあれば、自ら光合成する力をもつことなくその恩恵に与る（利用する）ことができる。イメージしやすいのは陸上植物の根に共生している真菌だろう。

真菌とはキノコやカビを含む仲間であり、真核生物である。第1章では動物に比較的近い生き物として紹介した。この真菌は、根っこの中にまで菌糸を伸ばし、見た目には植物の根から「生えている」状態になる。彼らは光合成しないが、陸上植物が光合成によって得た糖や脂質をもらうことで生きている。その代わり、植物の方は土壌から不足しがちなリンなどのミネラルを真菌から得ることで、傍目にはウィンウィンの関係だ。

その他にも地衣と呼ばれるものがいる。これは、単細胞の光合成する生き物と、真菌の一種が合体したものだ。見た目は薄い緑色や、黄緑色、オレンジ色など、様々な色をしたカビだ。木の幹や岩、コンクリートなど様々な所にくっついている。お墓参りをすると、墓石に生えているのを見ることもある。

木の幹にくっついている地衣

これまでに知られている真菌のうち20％は地衣になる能力を備えていて、光合成する微生物をがっちりととらえて離さない。このときとらえられている光合成する生き物は、大きく分けて2タイプいる。

ひとつは緑藻類という単細胞の真核生物だ。もう一方は、シアノバクテリアという真正細菌で、こちらは原核生物だ。光合成するパートナーがどちらの微生物であろうと、真菌は光合成産物である糖の一種を受け取ることができる。

一方で、光合成する微生物の方は、不足しがちなリンなどのミネラルを真菌から受け取り、また真菌が作る様々な物質によって乾燥や紫外線、重金属などの環境ストレスから身を守ることができる。真菌が作る物質の中には、他の生き物に食べられないようにするためのものも含まれているようである。

ちなみに、地衣は必ずしも真菌と光合成微生物だけが合体したものではない。この二者以外にも様々な真正細菌が一緒になっており、多種多様なコミュニティーとなっている。

カエルの卵はなぜ緑色?

カエルやサンショウウオといった両生類も似たような関係をもつことがある。

ある種の両生類の卵は、よく見ると緑に色づいていることがある。これは卵の膜やゼリー状の部分に、光合成する単細胞の真核生物が共生しているからだ。主に北米と日本で研究が進められているこの生き物は、ウーフィラ(*Oophila*)と呼ばれている。これは緑藻類の一種である。

カエルやサンショウウオの卵からは、呼吸で出てくる二酸化炭素や、廃棄物としてアンモニアが排出される。二酸化炭素は人間も呼吸をすると出てくるもので、後者は人間でいうおしっこだ。どちらも動物にとっては廃棄物として出されるものである。

しかし、光合成する生き物にとってこんなにおいしいものはない。二酸化炭素は、光合成するときに糖に変えることができるし、アンモニアはアミノ酸というタンパク質を作るための材料に変えることが可能だ。

光合成する生き物にとって、二酸化炭素やアンモニアが不足することで成長したり増えたりできなくなることがある。それを優先的に使えるのだから、光合成する生き物にとっては願ったりかなったりだ。ウーフィラにとっても、この条件を利用しない手はない。

その代わり両生類の卵はというと、ウーフィラなどの光合成する生き物が作り出した酸素や糖を使うことができる。酸素は地球上に生きる多くの真核生物にとって重要だ。真核生物は、糖と酸素を使ったエネルギー生産システムをもっている。我々人間もそうだ。

このシステムは、とても効率よく糖からエネルギーを取り出すことができる一方で、酸素不足になると当然うまく働かない。だからこそ、光合成する生き物から糖と酸素をもらえれば、卵の中でサンショウウオやカエルはたくさんのエネルギーを使いながら育つことができる。実際、サンショウウオの卵に共生しているウーフィラが活発に光合成できるようにしてあげると、卵の成長がより進むことが報告されている。

地衣や両生類の卵は、光合成する生き物と光合成しない生き物が「くっついている」状態だが、光合成する生き物を自らの細胞の中に入れてしまったものもいる。

ミドリゾウリムシやグリーンヒドラ、ミドリマヨレラと呼ばれる生き物だ。どれも本来光合成をしない単細胞の真核生物の仲間であるが、単細胞の緑藻類を細胞内に入れている。サンゴやクラゲ、イソギンチャクの一種もそれ自体は光合成を行わないが、褐虫藻などと呼ばれる渦鞭毛藻類（うずべんもうそう）を細胞内に共生させている。この中でサンゴ、イソギンチャク、クラゲとグリーンヒドラは第1章で出てきた後生動物である。ミドリゾウリムシはゾウリムシに近い仲間で、ミドリマヨレラはアメーバ生物である。

このように、光合成しない生き物も様々なやり方で光合成という能力を利用し、一方で光合成する生き物も彼らからの「何か」を利用している。

生物が生き残っていくための戦略の中では、必ずしも自分の能力だけで何でもやりくりする必要はないのである。

微生物と植物のお見合いシステム

我々は仙人ではない。だから霞（かすみ）を食って生きてはいけない。これは当たり前の話であるし、逆に真顔でこんなことを言っても話し相手を不安にさせるだけだろう。

しかしこれは非常にもったいない話だ。空気中には80％にも及ぶ大量の窒素ガスが含まれているからだ。

窒素とは、体のもとになるタンパク質に含まれている、我々にとってなくてはならない物質だ。これは我々だけでなく、先述したように光合成して生きていく陸上植物でも必要になる。ところが残念なことに、窒素ガスは利用しにくい形なので、「直接」空気を吸っても窒素は手に入らない。そう、直接には。

1900年代初頭にハーバー・ボッシュ法という、空気中の窒素をアンモニアという窒素を含む別の物質に変える方法が開発された。この方法によって、空気中の窒素ガスをアンモニアという利用しやすい形に変え、それを肥料にすることができる。空気から作った肥料で、人間は作物を育てそれを食べる。また、作物を餌として家畜を育て食料とする。つまり、間接的に空気中の窒素を我々は食べている。

これは人間の研究と技術開発の話であるが、実は微生物の世界でも空気中の窒素ガスを肥料のように使いやすい形にするという営みが行われている。

一番身近な例がクローバーなどのマメ科の植物の根っこにいる微生物だろう。これは根粒菌（りゅうきん）と呼ばれ、読んで字のごとく、植物の根っこに粒を作らせる真正細菌のことだ。この生き物は別にそういう名前のグループではなく、根っこに粒を作らせる性質をもった真正細菌の総称である。ちなみに、根粒菌は常に植物の根っこにいないと生きていけないわけではない。土の中でも生活することができる。

根っこに粒ができるのはマメ科の植物をはじめとして様々な植物に見られる。特定の植物が根っこから出す物質を感知し、根粒菌は植物の細胞に取り込まれるための物質を出す。そうやって気の合う相手を探し出すのだ。そうして特定の植物と関係を結び、根っこの細胞に住み着く。

この「お見合い」的なシステムは、先述の植物と植物の根に共生する真菌との共生関係でも見られるようである。このシステムを逆に利用して、植物の根にとりつく「寄生植物」もいるから生き物はさすがしたたかである。

この根粒菌は空気中の窒素ガスを栄養に変える窒素固定と呼ばれる能力を備えている。つまりマメ科の植物などは、窒素が少ない土壌でも、根粒菌が代わりに利用可能な窒素をくれるのだ。根粒菌はというと、植物からその他の栄養をもらう。

根粒菌によって粒ができたピーナツの根

しかし、根粒菌は植物の親から子へ受け継がれるものではない。そのため次世代のマメ科植物は、成長するにつれて改めて土壌にいる根粒菌の細胞と関係を築かなければいけない。親から子へと伝えられるのが密接な関係であるとすると、この根粒菌と植物の関係はつかず離れずの関係とでも言えようか。

ちなみに我々の体も窒素固定の「場」である。腸内微生物の一部は窒素固定を行い、腸内の窒素ガスを利用している。これは決して我々の体にその窒素が使われることを意味していないものの、非常に様々な場所で窒素固定というのは行われているのである。もちろん先述の草食動物のおなかの中でもそうだし、その他いろんな生き物の腸内でも同様である。ここでは詳しく書かないが、他にも様々な生き物が窒素固定する真正細菌と共生しているのだ。

我々人間は、窒素という必要不可欠なものを空気中から効率よく得るために工業的な方法を開発した。一方、様々な生き物が、もとい様々な原核生物が空気中の窒素を直接利用できるように進化した。

いずれの方法でも、空気中の窒素が食事を通じて我々の体の一部となっている。人間が思いつく技術の多くは、すでに他の生き物が地球全体で数十億年かけた壮大な進化実験の中ですでに行っていることなのかもしれない。

生物界は他力本願

自己責任という言葉が一時期メディアでよく流れた記憶がある。何に対してだったかは記憶が定かでないが、そこでは「自分の力でどうにかしろ」といった意味合いだった。

一方で自然界では、ここまで書いてきたように自分の力でどうにかするどころか、いろんなことを他力本願にするのは普通に見られる。

同じように実際は他者に頼らないと生きていけない我々であっても、他力本願にもさすがに限度はある。例えば、成長するタイミングや程度は誰かに決められるものではない。ところが微生物の中には、その増殖を誰かに決められているものがいる。周りの真正細菌が「もっと増えたら？」「成長したら？」と合図を送ってくるのだ。その合図を受け取って、光合成する単細胞の真核生物の一種は細胞分裂を開始する。

珪藻（けいそう）という海にも川にも池にもいる微生物がいる。単細胞の光合成する生き物だ。

シュードニッチア（*Pseudo-nitzschia*）という海にいる珪藻の仲間には、神経毒を作るものがいて、彼らは人間にとって有害な生き物である。

このシュードニッチアは、タウリンという物質を作って細胞外に放出する。例の「タウリン1000ミリグラム配合」と謳（うた）った栄養ドリンクのCMでも耳にしたことがあるのではないだろうか。まさにその物質である。

放出されたタウリンは、周りの真正細菌に取り込まれ、エネルギーの素になる。

さらに、このシュードニッチアは、細胞の中で作ったトリプトファンという名前のアミノ酸も放出してしまう。アミノ酸はタンパク質の材料なので、シュードニッチアの周りで生きている真正細菌にとって、トリプトファンをもらえるのは非常においしいはずだ。せっかく作った役に立つ物質を外に出してしまうなんて非常にもったいないように思える。これも真正細菌のエネルギーや細胞の材料になってしまうのだろうか。

トリプトファンを取り込んだサルフィトバクター（*Sulfitobacter*）という名の真正細菌は、その一部を植物ホルモンの一種に変換して再度細胞外に放出する。

その植物ホルモンの一種は、次にシュードニッチアに取り込まれる。まるで物質のキャッチボールだ。シュードニッチアが受け取った植物ホルモンは栄養となるのではなく、細胞分裂のシグナルとなって増殖を速くする。細胞分裂が加速するのだ。

シュードニッチアと真正細菌の間で行われる物質のキャッチボールは、単に栄養を負担しあうのではなく、増える合図を最終的に送ることになる。


このような物質のやり取りによって、姿形そのものが制御されているものもいる。

アオノリに近い仲間であるアオサは、成長すると葉っぱのような形になる。ところが、最初は単細胞で泳いでいる。あるタイミングで、周囲の真正細菌の出す特殊な物質を感知すると泳ぐのをやめ、真正細菌がくっついている岩などに落ち着く。そして、葉っぱのような「大人の形」に変化していくのだ。

だが、自然と成長が進むわけではない。このとき、さらに真正細菌が作る物質がないと本来の形にならないのだ。

次の段階では別の真正細菌が作る物質が必要となる。これによりさらに発育が進んでいき、葉っぱのような形に近づいていく。真正細菌という周りに常に存在している生き物とそれらが作る物質を、自分の成長・発達に使っているのだ。

雲を作る微生物

周りの力と一緒になることでとんでもない効果を生むこともある。風が吹けば桶屋が儲かるということわざがあるが、まさにそんな感じだ。

このことわざは、何かが起きたとき、一見すると全く関係ないことにまで影響が及ぶことを意味している。同じようなことが微生物の世界でも起こる。微生物の動きが地球の気温を下げることに貢献するのだ。

光合成する単細胞の真核生物の多くは、周りの真正細菌とともに雲の素をつくることが知られている。硫化ジメチルと呼ばれるこの物質は揮発性であるため海の中から出ていき、上空にたどり着くと、いわゆる雲の核となって雲を作らせるのだ。結果的に、この雲は太陽光をある程度遮断し、気温の上昇を抑える要因となって働くことが知られている。

光合成する単細胞の真核生物は、二酸化炭素を吸収し酸素を出すという、我々が生きていく上で欠かすことのできない地球環境を維持するための重要な役割を担っている。しかしそれだけではない。光合成に加えて、雲を作って気温の上昇を抑えるという間接的な活動も行っている。光合成する単細胞たちがもつ地球環境への貢献は計り知れない。

目に見えない微生物は世界中にあふれている。原核生物は土の中では1グラムあたり1億から10億細胞ほどいるらしいし、海ではだいぶ少ないがそれでも1グラムの海水の中におよそ10万から100万細胞ほど見つかるらしい。

ということは、人間は微生物の中に生きていると書いたが、これは海の動物にも当然当てはまる。もちろん海の単細胞の真核生物にも。

そして真核生物と真正細菌の間で、物質のキャッチボールをしながら生きている。そのキャッチボールの中で、微生物同士はお互いに影響し合っている。成長や増殖まで、ありとあらゆることを周りに頼るという生存戦略も、自然界では特に珍しくないことなのである。

なぜここまで複雑なやり取りを必要としているのか、それはまだ分からない。しかし、自分だけでどうにかするという行為は自然界では逆に珍しい。

他力本願の結果がお互いの利益になることもあるし、それが生き物という枠を超えた地球レベルでの効果を生むこともあるのだ。

せめぎあう共生者

先日、久しぶりにニキビができた。いや、吹き出物というべきだろう。この年齢になってニキビなどと言うのはおこがましい、と家族に言われた。

このニキビ、いや吹き出物の原因の一部となるのがキューティバクテリウム・アクネス（*Cutibacterium acnes*）という真正細菌で、一般にアクネ菌などと呼ばれたりするようだ。吹き出物の原因になると聞くと、これは「病原性」や「寄生性」のイメージをもってしまうかもしれない。

しかし、この真正細菌は普段我々の皮膚に常在し、他の病原生物から皮膚を守ってくれている「役に立つ」微生物だ。当然、彼らに我々を守っている意識はない。

このように、そのときどきで我々が抱く主観的な微生物の立ち位置はガラッと変わる。

先述した雲を作る際のやりとりもそうである。光合成するハプト藻類であるエミリアニア・ハックスレイ（*Emiliania huxleyi*）が細胞の外に出す物質を、真正細菌フェオバクター・ガラエシエンシス（*Phaeobacter gallaeciensis*）が取り込み、栄養の一部として利用し、その一部が結果的に硫化ジメチルという雲の素となる。その一方で、フェオバクターは抗生物質を作り、結果的にエミリアニアは有害な別の真正細菌から攻撃されない。見事なまでのお互いに利益がある関係性だ。感情移入し、あえて間違った言い方をすれば、彼らは助け合っている。

しかし、エミリアニアの細胞が長期間生存し、「年を取ってくる」と話は変わる。細胞からは、年を取った合図となるクマル酸という物質が出てくる。これをフェオバクターが感知すると、まるで「ジキルとハイド」のように変貌し、今度はエミリアニアにとっての毒を作るようになる。

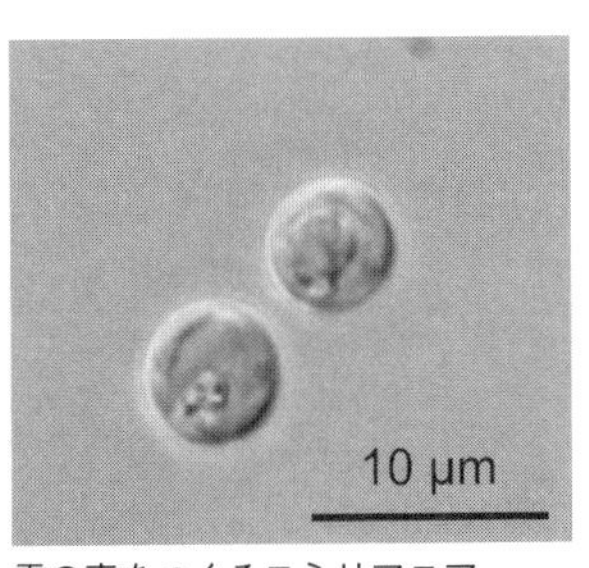

雲の素をつくるエミリアニア

エミリアニアが死ぬと、その細胞の分解物をフェオバクターは栄養として使うと考えられている。このように、生き物同士の関係は、状況に応じてその「顔」を変える。

似たような話はサンゴにもある。サンゴは健康な状態であれば、細胞の中に褐虫藻と呼ばれる光合成する微生物をもっている。これは栄養のやり取りを介した共生だ。褐虫藻は光合成をすることでサンゴに糖のようなものを渡し、サンゴは褐虫藻へ窒素の素を渡す。

しかし、海水温の上昇などで不適な環境になると、中にいた褐虫藻を追い出して白化してしまう。あるとき突然、関係は簡単に崩れうるのだ。

白化という現象は、サンゴ礁の豊かな海を死の海に近い状態にしてしまう。だからこそ世界中の研究者が、サンゴと褐虫藻の関係性の解明や、どうやって共生関係を結ぶのかについて研究を進めている。

白化現象が広がるサンゴ

このようにサンゴは多くの場合、褐虫藻とセットで語られることが多い。しかしその実態は、腸内微生物や地衣のように様々な生き物たちの集合体である。
サンゴには褐虫藻の他に、シアノバクテリアやその他の真正細菌、そしてあまりなじみのない名前をもつ小さな真核生物が共生している。その中に、オストレオビウム（*Ostreobium*）という名前の緑藻類の仲間がいる。これは褐虫藻の陰に隠れるように、普段はひっそりと住んでいる。
そう、普段は。

あんなに仲良くしてたのに……

このオストレオビウムという緑藻は、普段はサンゴの骨に入り込んでいる。サンゴの奥にいるので、光をあまり使えない。そのため光合成でエネルギーを作ったり、糖を作ったりというのは活発ではなく、ひっそりと生き延びている。サンゴに光合成産物の90％以上を渡すといわれる褐虫藻と比較すると、オストレオビウムのサンゴへの貢献度はほとんどないといってよい。

しかしひとたびサンゴが褐虫藻を排出すると話は変わる。今度は光がサンゴの奥にいるオストレオビウムまでたっぷりと届くので、光合成を活発に行うことができる。そしてオストレオビウム自身が使わない、余ってあふれた光合成産物を利用することで、サンゴは生き延びることができるのだ。

一方で、オストレオビウムは増えすぎるとサンゴにとっては悪い側面があると言う人もいる。サンゴの骨は炭酸カルシウムでできているのだが、オストレオビウムが徐々に成長するにつれ、骨を溶かしてしまう場合もあるようだ。

その結果、サンゴを食べるウニの仲間やブダイの仲間にとって食べたり削ったりしやすくなってしまうので、崩壊が進む原因ともなりうる。サンゴにとってはたまらない。

多くの場合、共生とは非常にシンプルに考えたとき、以下の3パターンで語られる。お互いに利益がある場合、どちらか一方にだけ利益がある場合、一方に害がある場合だ。それぞれ相利共生、片利共生、寄生などと呼ぶ。

ところで先のエミリアニアとフェオバクター、オストレオビウムとサンゴの関係を読者の方々は何と呼ぶだろう?

エミリアニアが元気なうちは相利共生かもしれない。しかしエミリアニアが年を取ると、フェオバクターは病原性をもった顔に変わる。

オストレオビウムとサンゴの関係は、最初だけ見るとオストレオビウムは片利共生しているようである。生息域をサンゴに提供してもらっている一方で、光合成産物をあまりサンゴに与えないからだ。しかし白化現象が起こると、オストレオビウムは光合成を活発に行い、サンゴに光合成産物を与え褐虫藻の代わりとなるため、相利共生と見えるかもしれない。

しかし物語の最終章だけ見ると、まるでオストレオビウムはサンゴの病原体のようである。これだけでは寄生と呼びたくなる。

関係性は変わって当たり前

共生とは共に同じ場所で生きていることを指す。同じ場所にいる生き物が、互いに利用し合い、頼りながら関係を築きあげて生き残ってきた。

共生という言葉を耳にしたとき、人間の見方だと共に助け合う姿をイメージし、自然はなんてすばらしいのだろうと自分勝手に感慨深く思うのであろうがそうではない。

生き物双方がそれぞれに生きるために必要なことをしている結果、同じ場所に住んでいる生き物同士で関係が生まれているというだけだ。それがお互いに利益があるように見えれば相利共生と呼ぶし、一方だけが利益を得ているように見えれば片利共生だし、どちらかに害があれば寄生だと「人間の主観」でそう呼ばれてしまう。

関係は変わってしまうことがあるし、破綻を迎えることもある。

そして生き物の間の関係が一対一なんてことはなく、例えば腸内微生物や地衣、サンゴのように、様々な生き物がカオスのような関係で成立しているのだ。

生き物の共生という人間が一見平和に感じる光景とは、多種多様な生き物同士のせめぎあいの最中、均衡状態が保たれている瞬間だけなのかもしれない。そのせめぎあいの中で、我々生き物はどのような形であれ、他の生き物の力を借り、他者を利用しなければ生きていけないのである。

第3章 ミクロの世界は失敗だらけ

酸素の地球史

空気は生き物にとって大事なものである。そしてその空気の中身も大事である。そのうちのひとつである酸素は、我々にとっては必要不可欠なものだ。

地球が誕生してから46億年、空気の中身は常に変化している。「空気を読む」という言葉があるが、46億年の空気の変化は誰も読めなかっただろう。地球ができたころ、空気中に酸素があったわけではないのだ。

現在の地球において、酸素は空気のうちの21％程度である。そのおかげで我々人間を含めた様々な生き物が呼吸をして生きていられる。

しかし、30億年前の地球では酸素はほとんど（というか全くと言っていいほど）空気に含まれていなかった。そんなころに人間が生まれていたとしても、とてもじゃないが住んでいられなかっただろう。紆余曲折を経て、現在のような酸素量に落ち着いてきたのはここ5000万年の間と言われている。

地球における生き物の繁栄と衰退の歴史は、ある面では、この酸素の量によって左右されてきた。なぜ酸素の量がここまで劇的に変わってきたのだろうか。

地球が無酸素に近い状態から現在のような空気に覆われるまで、様々な出来事が地球を襲った。最初の大事件は、24億年から23億年前に起きた大酸化イベント（Great Oxidation Event: GOE）と呼ばれる事件だ。

このとき、酸素がほとんどない状態から地球の酸素濃度は劇的に上昇した。地球環境におけるこの劇的なインパクトは、〝Great〟という名前の一部で表されている。しかし、このイベントは、イベントと言うほど短期間に急激に起きたものではないようである。むしろダラダラと始まったのではないかという意見もある。いずれにせよ、この出来事は地球の環境を一変させた。

しかし、そのまま地球は酸素の星になったわけではない。その後に再び劇的に酸素濃度が落ち込み、10億年以上の間は今の0・1％以下程度の酸素量のところもあった。つまり、20億年前から8億年前くらいまでは、現在と比べてまだまだ酸素は少なかったのだ。今の地球は酸素の星かもしれないが、46億年と言われる地球の年齢の80から90％以上は低酸素の時代だった。

そして8億年から5億5０００万年前に再度酸素濃度が上昇した。このイベントはＮＯＥ（Neoproterozoic Oxidation Event）と呼ばれている。この酸素濃度の上昇で、現在の酸素濃度の21%より少し少ないか、さほど変わらないくらいまでになり、多細胞の動物を含めて様々な生き物の多様化を支える要因となった。ここからは比較的酸素の星と呼ぶにふさわしい酸素濃度を維持してきたが、これで安定したわけではない。

今から3億年前に酸素濃度は35%まで達した。現在が21%程度だから、今の1・5倍以上である。ただし、その5000万年後には酸素濃度がまた低下し始め、生き物の大量絶滅を招いた。2億年前までには酸素濃度が現在の半分程度(約12%)まで低下し、二酸化炭素濃度は今の8倍以上だったと言われている。1億年くらい前から再び酸素濃度は上昇を始め、現在の酸素濃度に落ち着いていく。

酸素濃度の変動は、それだけで生き物の生き方に影響を与えてきた。酸素を使うのが得意な生き物もいれば不得意な生き物もいるからだ。我々ヒトのように、酸素で呼吸できる生き物は酸素があれば有利だが、酸素があると死んでしまう生き物もいる。酸素がほとんどない時代にまったりと暮らしていた生き物は、24億年前のGOEという出来事で大変不利な立場に追いやられただろう。死んでしまうもの、絶滅してしまうものもいたはずだ。酸素は我々のような生き物にとっては役に立つのだが、そうでない生き物にとっては、簡単に言ってしまえば毒なのだ。

24億年から23億年前に起きた酸素の大発生は、それら生き物にとって大迷惑な話だった。さらに、酸素そのものによるものだけでなく、二次的な被害も起きた。全球凍結である。これは地球全体が氷に覆われることを意味する。酸素が大量に増えたせいでこんなことになってしまった可能性があるのだ。

多様化競争のトリガー

24億年以上前、地球の空気はメタンガスを大量に含んでいた。これは第2章でも出てきた温室効果ガスだ。このおかげで地球は暖かい。そのころの太陽は、今の75%程度しか明るくなかった。今の地球でも、数パーセント程度明るさが低下するだけで気温が氷点下になり、氷の世界に突入すると言われている。つまり、太古の地球がずっと氷の世界でもおかしくはないのだ。

しかし、24億年前の酸素の大発生までは、地球が温室効果ガスで満ちあふれていたこともひとつの要因となり、地球は氷の惑星ではなく水の惑星として存在することができていた。だからこそ地球で生命は誕生したのだろう。ありがたい話だ。

しかし大量の酸素がそれを一変させてしまった。メタンガスが空気中から激減して気温は下降し、地球の海は氷で覆われた。

このような大事件は1回では終わらない。先に述べたように、空気中の酸素濃度の急激な上昇は8億年前にもあった。ちなみに、こちらの酸素濃度の上昇のあとにも（約7億年前）、同様に全球凍結が起きた。このときも太陽のパワーが今より弱かったことと、温室効果ガスが減少したことなどが原因と考えられている。

温室効果ガスの減少については、光合成によって二酸化炭素から作られた物質が大陸の動きで海底に埋まりやすくなってしまったり、二酸化炭素などを放出する火山が不活発になったりと、様々な原因が考えられているようである。

24億年前の出来事より、こちらの方が我々には関係があるかもしれない。多細胞動物の多様化と時期が近いからだ。海の中で生活していたアオノリなどの多細胞の海藻の仲間の祖先でも同じことが言われている。葉っぱのような形や繊維状のもの、カルシウムの骨格をもつもの、巨大なものなど様々な海藻があるが、これらの祖先も似たような時期に多様化したと考えられているのだ。ただし、実際にこれらの生き物の多様化に酸素濃度がどのくらい具体的にどういう点で影響を及ぼしたのかは、まだ分かっていない。

可能性のひとつとして、多細胞動物と海藻の仲間がお互いに多様化を誘発し合った、という考えがある。どちらが先かは分からないが、食べられる方（海藻の仲間）はより食べられにくい形や性質をもったものが生き残りやすく、またその一方で食べる側（多細胞動物）はどうにかして食べることができたものが生き残りやすくなった。そして徐々に、お互い大型化・多様化した。

酸素濃度が上昇する現象は、多様化競争を生み出す最初のトリガーとして一役買ったのかもしれない。もちろん他にも様々な要因や仮説が考えられている。何せ昔のことなので、完全に分かっていることは少ないのだ。

このように、46億年にわたる地球の環境というのは決して安定的ではなかった。その中で息づく生き物たちは、激動の中、時に死滅し、時に生き延び、どうにか現在まで命をつないできた。その際、たまたま生き延びた生き物の中で、たまたまその環境に合う特徴をもっていたものが繁栄し、そして再び環境が激変すると死滅したり日陰者になったりしていったのだ。

ここでは取り上げなかったが、酸素の増減や全球凍結以外にも、火山噴火や隕石の落下などで生き物が大量に死滅する事件もあった。知られている中で一番ひどいものでは、2億5000万年前に海の生き物の95%と陸の生き物の70%が絶滅したと言われる。

このときは、火山噴火の活発化などで二酸化炭素の濃度が上昇、海洋からもメタンガス放出などで温暖化が進み、結果的に海の酸欠化などが生じ海も陸も生態系のバランスが崩れてしまったことが原因と考えられている。

もしも繁栄することを生き物の成功と考え、絶滅や衰退を失敗として捉えるのであれば、生き物の歴史は「偶然の成功」と「偶然の失敗」の繰り返しだ。むしろ失敗だらけと言っても言いすぎではないかもしれない。

酸素を作った最初の生き物

先述したように、地球の空気は激動の歴史をたどってきた。実は酸素の増化には生き物の進化も関係している。酸素を発生する生き物の誕生だ。

地球で酸素ガスを初めて発生させたのは、シアノバクテリアという光合成する真正細菌だ。シアノバクテリアは、光合成によって光と水と二酸化炭素から糖とエネルギーと酸素を作り出すことに成功した。

このシアノバクテリアがいつ誕生したのかはまだ分からない。約24億年前の大酸化イベントよりもずっと前だと言う人もいるし、大酸化イベントと同時期だと言う人もいる。酸素自体は30億年前くらいからわずかに発生していたようで、もしもこれがシアノバクテリアのせいであれば、30億年前から今の地球の姿に向けてスタートを切っていた可能性がある。

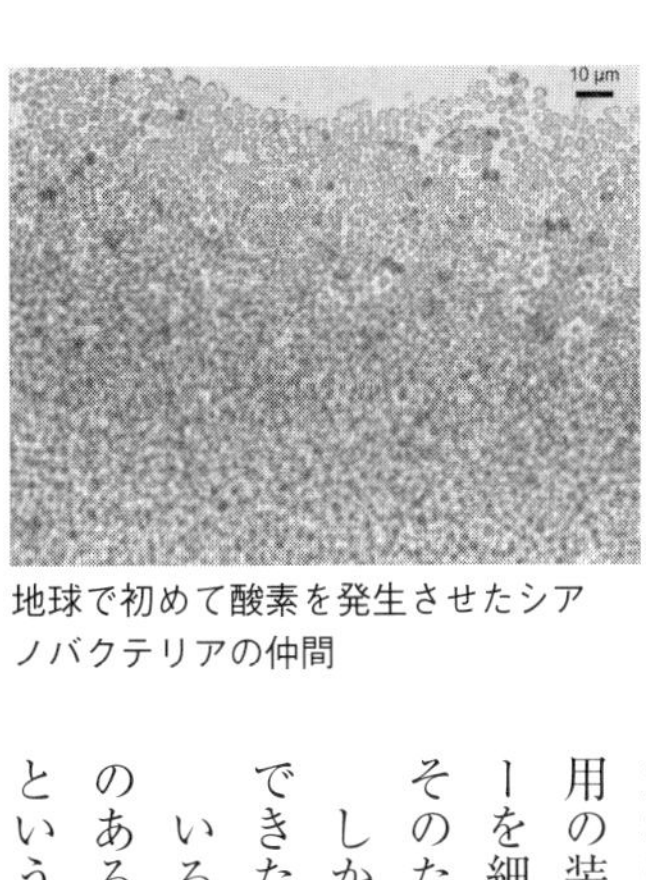

地球で初めて酸素を発生させたシアノバクテリアの仲間

いずれにしろ、23億年よりも昔に誕生したシアノバクテリアによって酸素は作り出されたわけである。このシアノバクテリアが行う光合成は、専用の装置が必要だ。これは光を受け取って、そのエネルギーを細胞内に使えるものに変換する装置だ。とても複雑で、そのための設計図の項目は数十以上も必要である。

しかし酸素を生み出す光合成のための装置がどうやってできたのか、答えは出ていない。何せ23億年以上前の話だ。

いろいろ仮説が提唱されていて、その中で研究者に人気のあるものがいくつかある。ただし、あくまで人気があるというレベルであって、真実に近いかどうかは不明である。

第1章で述べたように、優勢な考え方とそれが正しいかどうかはまた別の話だからだ。

ただ、酸素を出す光合成がシアノバクテリアの祖先で始まった、というのはどうも本当らしい。光合成するシアノバクテリアに最も近い真正細菌の仲間でさえも、光合成や光合成に似たようなことは全くできないからだ。つまりシアノバクテリアの祖先が、光を使って酸素を作るという装置を地球で最初に手に入れたのだ。

この装置は、元々光を受け取って別の物質を作る道具だったと言われている。初めは別の装置だったのに、酸素を出す装置へと進化したのだ。

第1章でも書いたが、進化に意図はない。シアノバクテリアは酸素を出す装置を作ろうと思って作ったわけではない。元々もっていた装置の設計図をうっかり書き写し間違え、結果的に酸素を出す装置を作るようになっただけだ。それが何らかの原因で子孫に広まり、今のシアノバクテリア全体に見られるようになった。

どういう過程であれ、結果的にシアノバクテリアは光エネルギーを利用してモノを食べなくても生きていけるという術（すべ）を手に入れた。そのおかげで太古の海では成功者として約7億年前まで海に君臨していたのである。水中の成功者として、様々な生き物の餌として、当時の生態系を支えていただろう。

しかしそんな彼らは、破壊者の顔ももっていた。

太古の生物の「備えあれば憂いなし」作戦

先述したように、酸素はそれが必要ない生き物にとっては毒である。いろんな物質とくっついて反応してしまうので、うまいこと使いこなさないと細胞は壊れてしまう。

そんな酸素を垂れ流し地球の環境を変えたシアノバクテリアは、結果的に生き物の進化も促した。それまでおそらくマイノリティーであった、「酸素の毒を回避しながら酸素を利用する生き方」が徐々に市民権を得ていったのだ。

ただし、それ以前の酸素が現在の0・1％程度の量だったころにも、酸素を使って生きる生き物は存在した。

酸素がまだ少ない時代、彼らはどこかのタイミングで酸素を利用できる装置を手に入れた。これは我々酸素を必要とする真核生物が生まれるずっと前の話だ。「そんなもの無駄だ」と考えることもなく、「原核生物」でその進化は起きた。

しかし、有利とか不利とか便利とか不便とか、そういう言葉でとらえると、酸素が少ない時代にそんな装置をもつことはかなり不可解に思える。地球上がある程度の酸素濃度に達する前、酸素を使ってエネルギーを作るなんてそんなに効率のいいものではなかったはずだ。

その一方で、酸素にうまく対処する術を全くもっていないというのも問題だ。酸素が増えたときに初めてうまく使うための戦略を立てたのでは遅い。そんな泥縄状態の生き物は、酸素という毒にやられて死んでしまっただろう。

おそらく彼らは、最初は効率よく酸素を使うことなどできなかったはずだ。しかし、ものすごくポジティブに考えれば、そんなものでも全く使えないよりは大分マシである。少しでも使えるものから始まり、そしてより効率よく酸素を利用できるように進化していった。

その始まりは、第1章でも書いた偶然起きる設計図の書き間違いや写し間違いだ。その偶然に端を発して生まれた「より酸素を効率よく利用できる装置」が、何らかの理由で子孫へと受け継がれ、今に至っているのだろう。酸素が増えていくのに従って有利になっていったからかもしれない。

先に書いたように、地球の空気は激動の変化をたどってきた。そんな激動は誰も予想できなかっただろう。

生き物は空気の激動の変化に「空気を読んで」合わせることなどできなかったし、合わせようとしたわけではなかった。変わってしまった空気に少しは合うものをあらかじめもっていて、徐々により適したものに変化していった。これがより正解に近い表現だろう。実際、後生動物の中でも、酸素量の変化に対する耐性はかなり異なる。進化の過程で、それぞれの環境で適応してきたのだ。

例えばヒトは、空気中の21％という酸素の量から数パーセント下がっただけで頭痛がし、半分まで下がると死の危険が迫るなど、酸素の変動にかなり弱い。

一方で、たまに低酸素になる海の底で生きているカイメンの仲間は、現在の0・5から4％くらいまで酸素量が下がっても生存できる。同じ後生動物の仲間でも、生きている環境によって酸素に対しての付き合い方が違う。また、全く酸素がない環境でも生きられる動物の仲間がいることも分かってきている。

成功者は「変わり者」から現れる

ノーベル賞受賞者のフランソワ・ジャコブ（François Jacob）が言っているように、進化は技師でないのでゼロからイノベーションは起こせない。進化によって、すでにあるものが機能を変えたり、いくつかのシステムが統合してより複雑なものになったりして、生き物は様々な環境で生きている。

状況が変化しても適応できるようにあらかじめ準備しておく。

言葉にすれば簡潔な一文だ。政治家の方々が言いそうなセリフだが、そんなことを完璧にできるなんてことはほぼありえないだろう。どんな変化が起きるかなんて誰も知りえないのだから。

しかし、だからこそ生き物は多様で、一見無駄に見えることをしている「変わり者」も多いのかもしれない。

環境が激変し今とは全く異なる状況が訪れたとき、そのような「変わった」生き物の中から、成功者として生き残るものが現れるのだ。その変わった特徴は、設計図を写し間違えるという偶然に起因して誕生する。

環境の変化に耐えられるように自分も変化しておこう、という考えなど微塵（みじん）もない。変化するのが当然、変わった特徴が生まれてくるのも当然なのである。

もちろん、そのようにできたもののほとんどは、結局役に立たず無駄になったり、子孫に伝わらなかったりするのは容易に想像ができる。

現在の地球に息づく生き物は、数多くの無駄や失敗の中から偶々生き残った成功例なのだ。

「一見無駄」というのはすなわち「未来における成功者の候補」とも言い換えられる。

そう考えると、無駄なことをする、無駄な経験をするというのは、あながちそんなに悪くない。

ヒーローは常に入れ替わる

シンデレラという童話がある。ある恵まれない女の子がいじめなどの様々な苦境に耐えながら生活していたが、あるとき魔法でお姫様に変身し、王子様と結ばれるという物語だ。一方で、それまでいじめる側だった方は、幸せをつかめないどころか原文ではすごく不幸になる（結構グロテスクなストーリーなので、ここに詳細は書かない）。突然注目を浴びる、突然主役になるなどの意味でシンデレラガール／ボーイ、なんていう言葉もあるくらいだ。生き物でも同じように、突如主役に躍り出たり日陰者になったりする。光合成するものも同じように。

地球全体における光合成は、陸で半分、海で半分の割合で起きていると言われる。陸の光合成の主役はもちろん陸上植物だ。彼らが光のエネルギーを使って、二酸化炭素を吸い酸素を出す。

陸上植物は約5億年前から陸上に進出し、地球を緑の星へと変えた。それまでは、陸というと岩肌が広がる世界だったと想像される。紫外線や乾燥に耐えなければいけない世界で、陸上植物は生息域を拡大していった。

一方、海で起きている光合成は、お互いに遠い関係の多様なメンバーで行われている。ノリやコンブの仲間などの多細胞のものや単細胞のものまで、姿形だけでなく大きさまでありとあらゆるものが、光のエネルギーを使って生きている。そして二酸化炭素を糖に変え、酸素を出している。

シアノバクテリアは太古の海で酸素を発生させ、今の酸素の星としての礎(いしずえ)を築いた。しかしその後、環境変動や生存競争など様々な要因で、光合成する生き物の主役は変遷していった。

シアノバクテリアは、最初に酸素を出しながら光合成を始めてから十数億年ほどは、海でぶっちぎりのトップだった。彼らが光のエネルギーを使い、二酸化炭素を糖に変え、酸素を出し、そして様々な生き物の餌として生態系を支えていた。

しかし現在の海では、数こそ多いものの、シアノバクテリアは必ずしもトップではない。今でも地球の光合成の10％はシアノバクテリアによるという試算もあるが、別の光合成する生き物が海の光合成を支えていると言われている。

熾烈な海の下克上

陸上では、植物が光合成の主役の座を譲ることなく、現在までの5億年を過ごしてきたが、海は下克上の嵐であった。

第2章でも出てきた珪藻という真核生物が現在の海における光合成の主役だ。数十マイクロメートルという顕微鏡で観察するサイズの光合成する生き物で、普段目にすることはないだろう。我々にとっては食べ物でもないし、愛らしい姿をした人気キャラクターでもない。単細胞の小さなオレンジ色の生き物である。しかし、我々の目に触れないところで、申し訳ないくらい地球の環境に貢献しているのだ。

地球全体における光合成の20％、つまり海の光合成の40％は珪藻によるものだと言われている。その他にも、緑藻やコンブなどの褐藻類、ノリなどの紅藻類、そしてハプト藻類や渦鞭毛藻類という単細胞の光合成する生き物が光合成を頑張っている。

海の光合成する生き物の変遷には様々な原因が絡んでおり、そのひとつに海の栄養の変化と細胞のサイズが挙げられている。7億年前までの海では、リンなどの栄養が不足していた。栄養不足の海では、小さい生き物が基本的には有利になると言われる。シアノバクテリアは、他の光合成する生き物と比べてかなり小さい。そのため昔の海はシアノバクテリアにとって楽園だった。しかしこのころに起きた全球凍結とその後の凍結からの回復の過程で、海の環境がガラリと変わった。リンなどの栄養が増えてきたらしい。海にリンなどの栄養が豊富になってくると、逆に少し大きな生き物が有利になり始めた。すでに海にマイノリティーとして生息していた緑藻などの真核生物にとって有利な環境になってきたことが、化石記録からも示唆されている。

このころから、シアノバクテリアはぶっちぎりのトップという地位から外れてしまった。その後の数億年の間、シアノバクテリアだけでなく、緑藻や紅藻も海の光合成を支えることになったのだ。

ハプト藻類や、渦鞭毛藻類という褐虫藻を含む仲間、珪藻という単細胞の光合成する真核生物が地球上に誕生したのは2億年以上前だと推定されている。これらが地球の大気環境をさらに変えた。彼らの出現により、二酸化炭素濃度は急激に減少し、一方で酸素濃度は上昇した。

また、この3系統の光合成する真核生物が変えたのは大気だけではない。光合成を行うと二酸化炭素が糖に変わる。そして二酸化炭素から作られた糖は、細胞のエネルギーや細胞の材料となる。珪藻などが大量に増殖したあと、他の生き物に食べられなかった細胞の一部は、底に沈んで堆積物（たいせきぶつ）の中に埋まる。この一部が石油になる。

過去に光合成を行い、大気環境を変えた光合成する単細胞の真核生物は、石油となって現在の我々の社会を支え、そして皮肉なことに再び現在の大気に影響を与えているのだ。

敗者の存在で成り立つ多様性

珪藻は、誕生してからすぐに活躍し始めたわけではない。誕生から数千万年から1億年の間はまだ主役どころか準レギュラーくらいだった。むしろハプト藻類や渦鞭毛藻類が主役として活躍していた。ところが、その後に大逆転が起こる。

6500万年前、隕石の衝突や火山噴火などで生物の大量絶滅が起きた。このせいで全生物の85％が死んだと言われる。このとき、海で繁栄していた渦鞭毛藻類やハプト藻類は多様性がかなり大きく失われてしまった。他の生き物と同様、多くの種が絶滅したのだ。

一方で、なぜか珪藻だけは大量絶滅せず、さらにそこから増えていった。珪藻は栄養の取り込みに長けていて、細胞の中に上手に栄養をため込むことができる。そのような性質が有利に働いたのかもしれないという人もいる。

こうして勝者となった珪藻の多様性がピークに達したのは3000万年前だと言われており、現在に至るまで珪藻は、海の光合成の主役として君臨している。

珪藻の最も特徴的な点をひとつ挙げよと言われたら、筆者は迷わずその美しい「ガラスの箱」を挙げる。ここで言う「箱」とは、細胞を包んでいる殻だ。これは比喩ではなく実際にガラスの素でできている。この「ガラスの箱」には、ナノスケールでの美しい装飾が施されており、魅了される研究者は後を絶たない。

珪藻はガラスの箱の中で生きている。そのため誰よりも早く、効率的に海の中に存在するガラスの素を確保している。海に流入してきたガラスの素であるケイ酸と呼ばれる物質は、海底の堆積物の中に埋まる前に、平均して39回は珪藻のガラス箱の材料になり、分解されて溶け出すという過程を繰り返すと言われる。

このようにしてガラスを含む珪藻が死んだあと、積もり積もってできたものが珪藻土である。壁土などにも使われるため、ＤＩＹが趣味の方々はなじみ深いのではないだろうか。

珪藻はガラスの靴ならぬガラスの箱を携え、突如主役に躍り出たシンデレラガールだったのだ。

しかし、地球環境は時々刻々と変化している。今後、徐々にもしくは急激に気候が変動すると、海の中の環境も一変する。我々人間が陸に住んでいるからといって、無関係ではない。海には様々な生き物がいて、光合成を通じて、我々が必要とする酸素を含んだ大気の状態を安定させてくれているのだから。

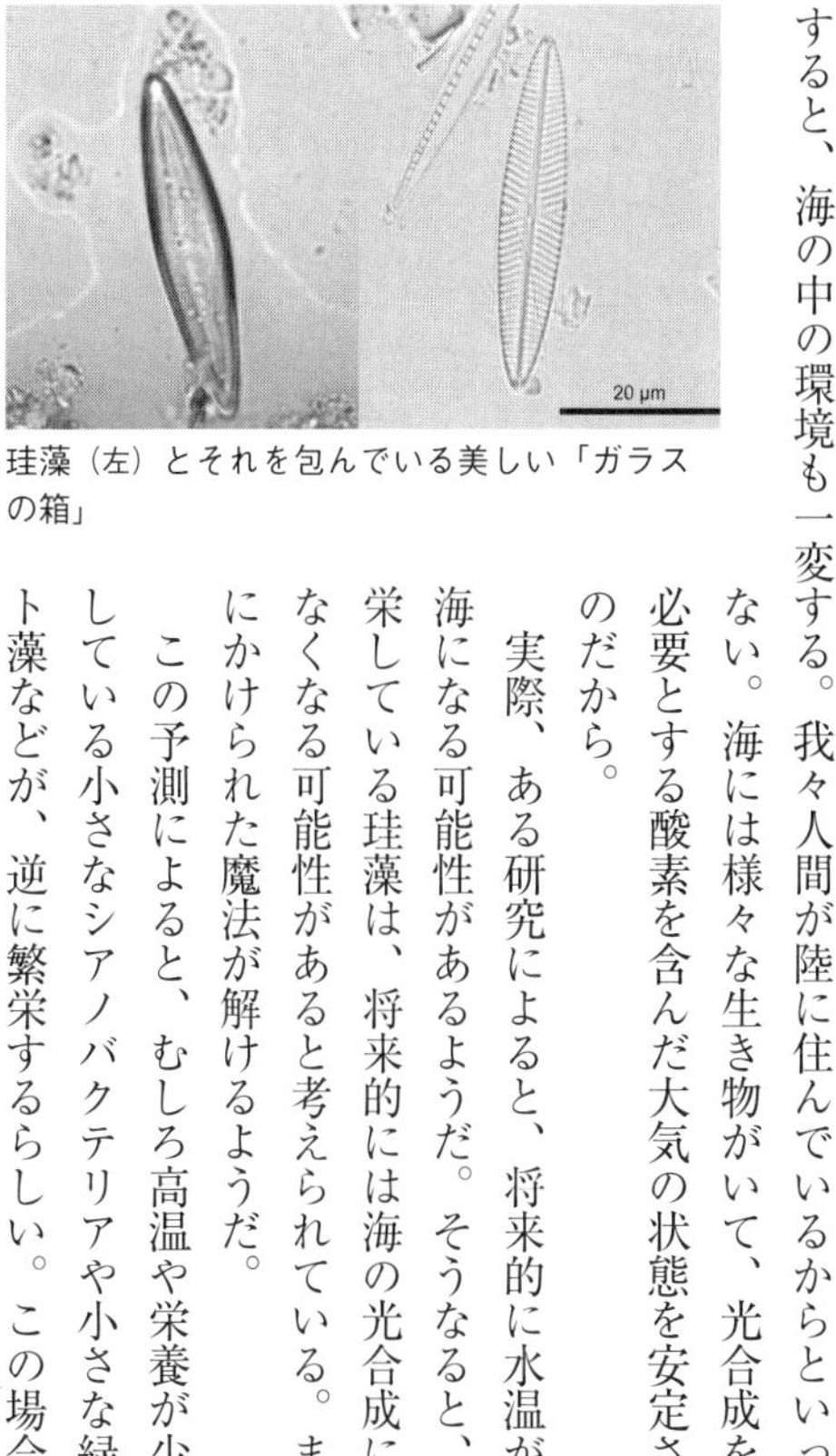

珪藻（左）とそれを包んでいる美しい「ガラスの箱」

実際、ある研究によると、将来的に水温が高く栄養不足の海になる可能性があるようだ。そうなると、現在の地球で繁栄している珪藻は、将来的には海の光合成にはあまり貢献しなくなる可能性があると考えられている。まるでシンデレラにかけられた魔法が解けるようだ。

この予測によると、むしろ高温や栄養が少ない環境に適応している小さなシアノバクテリアや小さな緑藻、小さなハプト藻などが、逆に繁栄するらしい。この場合、昔の主役がまたスポットライトを浴びることになる。

ある生き物が、ある時期繁栄しているということは、必ずしも成功者であり続けることを意味しない。常に、別の生き物にその座を取って代わられる可能性があるからだ。

現在の海に成功者として存在する生き物がいるということは、過去に敗者となった生き物も存在していることを意味する。そして現在の海の成功者は、過去には弱者だった。

現在の地球上の生物多様性は、多くの敗者の上に成り立っているのである。

光合成する生き物になり損ねたもの

ここまでに書いてきたように、世の中には様々な光合成する生き物がいる。真正細菌であるシアノバクテリアもそうだし、もちろん植物もそうだ。海の中には様々な海藻や単細胞の生き物が、光を使って生きている。

原核生物のシアノバクテリアは、細胞のほぼ全体を使って光合成している。光合成のための装置が細胞の中にぎっしりと詰まっているのだ。一方で、光合成する真核生物はというと、細胞の中の小部屋が光合成のための場所になっている。これが葉緑体と呼ばれる所である。

光合成する生き物はどうやって葉緑体を作ったのだろうか。

先に述べたように、進化は技師ではないので、ゼロからいきなり何かを作り出すことは容易ではない。何かから作り変えたのだ。

多様な真核生物が光合成をするが、それらがもつすべての葉緑体はさかのぼっていくとシアノバクテリアが祖先になっている。

むかしむかし、モノを食べて生きていた単細胞の真核生物のひとつが、シアノバクテリアを細胞内に取り込んだ。細胞内で共生するので細胞内共生と呼ばれるこのシアノバクテリアが葉緑体に進化したのだ。


そうやって生まれた真核生物がご先祖様となって誕生したのが、現在の陸上植物や緑藻類、ノリなどの紅藻類、青緑色だけど灰色藻類の仲間である。

一方コンブやミドリムシなどは、紅藻類や緑藻類などの光合成する単細胞の真核生物を細胞内共生させて葉緑体を手に入れた。

こう書くと、細胞内共生や葉緑体の獲得が、あたかもスムーズに成功したように感じるかもしれない。葉緑体の獲得は10億年以上前の出来事なので詳細は不明だが、現在生きている他の生き物たちを観察すると、決してスムーズに成功したわけではなかったことが想像できるのだ。

光合成する生き物に「なりきれない」ものは、多くはないがいくつか例を挙げることができる。

第2章でも登場したが、やはり有名どころは後生動物の一種であるサンゴだろう。サンゴの細胞には、褐虫藻と呼ばれる渦鞭毛藻類の一種が共生している。共生している褐虫藻は光合成して作った糖をサンゴに渡し、その代わりにサンゴから別の栄養をもらう。しかし、海水温の上昇などのストレスがかかると、この関係は破綻してしまう。結果的に白化という現象が起こり、最終的にサンゴは死んでしまう。

細胞内での共生関係はそこまで強固なものではなく、何か嫌なことがあると光合成役を追い出してしまうのだ。

動物と植物の中間（?）のウミウシ

同じように後生動物の仲間であるウミウシにも葉緑体を細胞内に保持する種類がいる。

ウミウシとは、海に生息する数センチ程度の軟体動物の一種で、大きく見れば巻貝の仲間にあたる。ただし貝殻はもたない。これまでにも何度か紹介したアオノリの仲間などの多細胞の緑藻を食べるものもいる。まるでウシが牧草を食べるかのようだ。

そのうちの数種類は、食べた緑藻の葉緑体を細胞内に貯めておくことができる。その間は、餌を食べなくても死ぬことはない。2週間程度なら生き延びる種類もいれば、数カ月もの間餌なしで生きている種類もいる。そのため、見た目も緑色の葉っぱのように見えなくもなく、本当に植物と動物の中間のようだ。少なくとも見た目からは。

光合成する緑のホホベニモウミウシ

実際、この緑色のウミウシは光合成をしていることが分かっている。取り込まれた葉緑体は、光の下で二酸化炭素を取り込んでいる。

植物の場合、取り込んだ二酸化炭素は糖になり、モノを食べなくても生きていける。しかし、このウミウシは光合成の特典を効率よく得られていないことが分かっている。

このウミウシの体の成分を作るためには、光合成とモノを食べることのどちらが重要なのかを調べた研究がある。

そこで分かったのは、緑のウミウシにとってモノを食べることのほうが大事だということだ。光合成による栄養は、どうも餌がなくなったら後で美味しくいただいたり、本当に餌がなくて〝ヤバい〟ときのために保存したりしているだけなのかもしれない。

葉緑体を長い期間保持し光合成する生き物にかなり近づいているかと思いきや、その恩恵をあんまり得られていないのであれば、少し残念な話である。

ちなみに餌をずっと食べないとどうなるかというと、取り込んだ葉緑体は消えていき、見た目も緑色でなくなっていく。そしてどんどん小さくなる。ある種は、通常で3センチくらいの大きさだが、餌を食べないでおくと、3ミリになったという報告もある。実に10分の1の縮小である。

一時的ではあれ葉緑体を細胞の中にもち、まるで見た目は葉っぱのようで、光合成をする。にもかかわらず、植物のように光合成の恩恵を受けられず、モノを食べないと縮んでしまうウミウシ。そのちぐはぐさからか、なぜだかとても愛らしく感じる。

謎だらけの生き物・ハテナ

取り込んだ光合成する生き物との関係性がもう少し強くなっているものの、それでもまだ「おしい」状態の生き物がいる。ハテナと呼ばれる単細胞の真核生物で、平べったい米粒のような形をしている。ハテナは単細胞の緑藻類の一種を食べて、まるで葉緑体のように扱う。

ハテナは元々色のない生き物である。しかし、ある緑藻類を食べると、食べられた緑藻の葉緑体と核以外の小部屋がうまいこと消化され、あたかもハテナが葉緑体をもっているかのような見た目になるのだ。

食べるときも非常にお行儀がいい。食べられる緑藻類の細胞表面には小さな飾りがうろこのようについているのだが、飲み込むときにその飾りを飲み込まないように取り除く。単細胞のくせにかなり器用だ。しかもうっかり飲み込んでしまった飾りは、小さな袋にきれいにまとめておく周到ぶりだ。

飲み込まれて葉緑体と核だけになった緑藻類（もはや生き物とは呼べないかもしれないが）は、さらに変身する。飲み込まれたときよりも、飲み込まれたあとのほうが大きくなるのだ。しかも、いつど

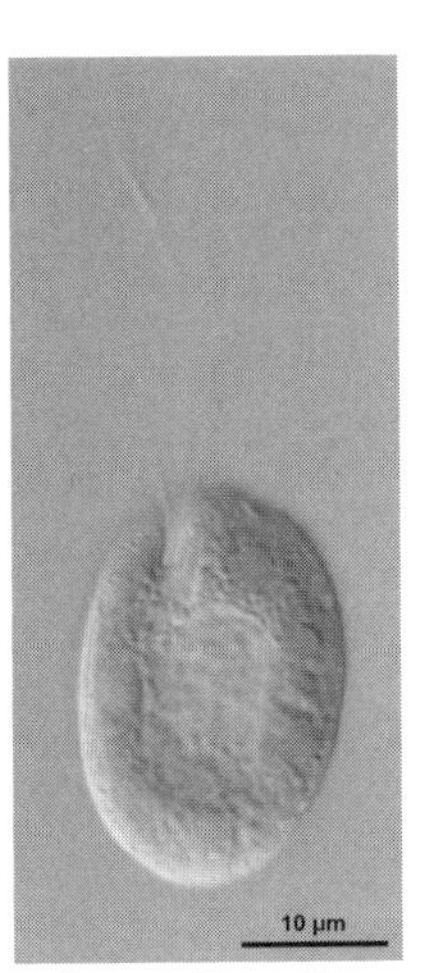

緑藻を取り込んで緑になったハテナ

こで飲み込まれても、必ず同じ位置に収まる。この定位置は、飲み込まれた場所とは違う。そのため、大きさや位置はハテナがうまいことコントロールしている可能性がある。

このように書くと「もうほぼ葉緑体じゃん。おめでとう」となるところだが、そうは問屋が卸さない。肝心な部分はもうひとつある。

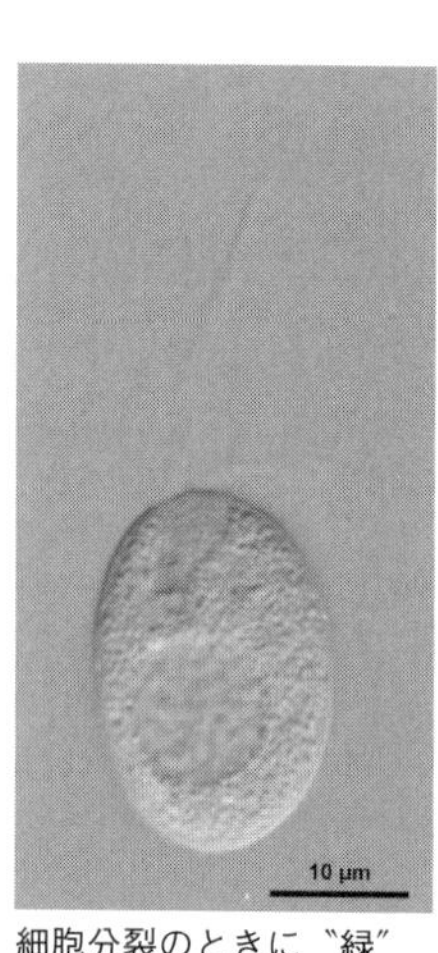

細胞分裂のときに〝緑〟を受け取り損ねたハテナ

植物では、細胞と同じように葉緑体が分裂しないと、次世代に受け継ぐことはできない。そのため、分裂するタイミングが細胞内で同調しているのは重要だと思われる。

ハテナはというと、自らの細胞が分裂しても、取り込んだ側に関してはノータッチで、分裂する気配すらない。その結果、ハテナは分裂して2つの細胞になると、一方は緑色で、もう一方は無色となる。かくして無色の方は再び取り込める緑藻類を探して動き出す。

ハテナはあまり研究が進んでおらず、名前の通り謎が多い生き物である。というのも、現在ハテナは培養して増やすことができていないからだ。長期間培養できるようになれば、〝葉緑体モドキ〟はどのくらい役に立つのか、分裂した際に緑色のままでいられた方はその後どうなるのかなど、いろいろ分かってくることが多いだろう。

　ここで挙げたサンゴもウミウシもハテナも、葉緑体を獲得する途中段階を見ているのかもしれないし、はたまた葉緑体を獲得し損ねた失敗例かもしれない。どちらなのかは、我々は知る由がない。

　いずれにしても、葉緑体の獲得にはシンプルであたかも「すんなり」行くようなことはないのだろう。我々が目にすることができない、隠れたトライ&エラーの上に数少ない成功があるのだ。

第4章

成功を捨て去る生き物

最強の二刀流

武器が2つあると強い。これはもちろん、どちらも使いこなせていればという前提条件のものであるが、真実だろう。一方が役に立たないなら、もう一方で補うことができるからだ。

似たようなことは生き物も行っている。全く異なる2つの生き方を併せもつことで、一方の生き方がうまくいかなくても、もう一方の生き方で生き残ることができる。

例えば、モノを食べるということと、植物のように光合成をするという生き方を同時にこなすことで、うまいこと生きる場を確保している生き物は多い。このような生き方を混合栄養という。

ちなみに、光合成のように食べ物などに頼らなくてもいい生き方は独立栄養、反対に食べ物などを必要とする生き方は従属栄養と呼ばれる。そういう生き物を前者は生産者、後者は消費者などと呼ぶこともある。

我々ヒトはもちろん従属栄養であり消費者である。そして身近に生えている陸上植物は独立栄養であり生産者である。

とはいえ陸上植物だって、光合成するのに必要な様々なミネラルや栄養が必要で、それらは根から吸収する。ただ、陸上植物の多くは光合成がうまくできなければ生きていけないので、二刀流ではなく一刀流である。

このように我々の身近に生えている陸上植物が、光合成をして他の生き物を食べない生き方をしているせいか、イメージとしては「光合成している」＝「ほかの生き物を食べない」または「光さえあれば生きていける」ということになっているかもしれない。

しかしそうではない。光合成する生き物の多くは二刀流である。つまり、光合成もするし、他の生き物を食べたり、環境中に漂っている養分を吸収したりする。そして光合成がうまくできないときも生きていける。このような生き物をパーフェクト・ビースト（完全なる野獣）などと呼ぶ研究者もいる。

海はパーフェクト・ビーストだらけ

無敵にも思えるパーフェクト・ビーストは、実はどのような海にも存在する。

例えばハプト藻のプリムネシウム・パルバム（*Prymnesium parvum*）という赤潮を引き起こす生き物は、光合成もするし、真正細菌も食べるし、ゾウリムシの仲間の繊毛虫などの真核生物も食べる。

渦鞭毛藻であるアレキサンドリウム・タマレンセ（*Alexandrium tamarense*）も、光合成もするしシアノバクテリアを食べることもある。この生き物による赤潮には、ヒトにとって毒になるものが含まれており、それを食べたアサリなどの二枚貝は、毒をもつようになる。「貝毒」と呼ばれて潮干狩りが中止になることもしばしばある。

内湾だけでなく、もちろん外洋にもパーフェクト・ビーストはいる。こちらの方は我々の生活には直接影響しないかもしれないが、こちらの環境の方がパーフェクト・ビーストであることの意義が大きいらしい。

というのも、特に熱帯域から亜熱帯域の陸から離れた海では、窒素やリン、鉄といった光合成に必要な栄養が不足しがちである。そのうえ真核生物は、原核生物と比べて水に溶け込んだ栄養を吸収するのが苦手なため、競争になると負けてしまう。栄養が少ない環境では、光合成だけしている真核生物にとってはなかなか生きにくい環境なのだ。

しかし、光合成をしながら他の生き物も食べるパーフェクト・ビーストは違う。彼らは、周りにいる真正細菌や古細菌といった原核生物を食べる。こうやって周りの生き物を食べることで、窒素やリンはもちろん、糖やタンパク質なども得ることができる。そして元気に生きながら、光を使って光合成してさらに増えることができるのだ。

実際、大西洋に真正細菌を食べている真核微生物のうち、最大で9割程度が混合栄養のハプト藻類や黄金色藻類、渦鞭毛藻類であるという試算がある。海の生態系においてパーフェクト・ビーストの影響はそれほど大きいのだ。

このように、海洋におけるミクロなスケールでの食物連鎖の中で、光合成する生き物とモノを食べる（飲む）生き物という線引きは、極めてあいまいなのである。光合成する生き物の多くが、混合栄養のパーフェクト・ビーストだからだ。

我々はよく生き物にラベルを貼る。これはこういう生き物、こちらはこういう生き物、というふうに。しかし、生き物とはそんなにシンプルではない。

我々が観察して見いだすことができる生き物の特徴は、所詮その生き物の一側面でしかなく、二面性がある場合が多いのだ。

光合成をやめた生き物たち

多くの光合成する真核微生物は、パーフェクト・ビーストとして「生産者」でありながら「消費者」でもあるという絶妙な立ち位置を手に入れている。

一見するとこれ以上ない生き方をしているように思える。いったんこのような「一見パーフェクトな」生き方を手に入れてしまうと、そこから先もずっと同じような生き方を続けるのだろうか。すなわち、光合成する生き物はずっと光合成する生き物なのだろうか。

これまで書いてきたように地球の生き物は多様であり、我々人間の常識や思いこみなど通用しない。光合成という光のエネルギーをうまいこと利用できる能力を手に入れたのに、手放してしまった生き物は環境の中に確かに存在する。彼らの多くは光合成という能力を捨て、モノを食べたり、水に溶け込んでいる養分を吸収したりして生きるようになった。

これまでに何度も名前が出てきたが、珪藻と呼ばれるものの仲間にも、光合成をやめた生き物がいる。珪藻類は茶色がかったオレンジ色の葉緑体をもつ単細胞の真核微生物で、海、池、川などあらゆるところに存在する。川遊びをしたことがある人は、川底にある石が茶色でヌルヌルしていることに気付いた経験があるかもしれない。このヌルヌルの多くは珪藻である。

ほとんどすべての珪藻は光合成を行っており、その多くが水の中に漂う養分も吸収して利用している。ただし、ほかの生き物を食べることはできない。珪藻はガラスの殻に包まれているので、他の生き物を食べるように細胞ができていないのだ。

ところが、ニッチア・プトリダ（*Nitzschia putrida*）という色を失った珪藻がいる。彼らの葉緑体に色はなく、光合成はもはやできない。

一般に光合成する葉緑体の中には、核のものとは別に葉緑体専用の設計図がしまわれており、そこには光合成のための項目がたくさんある。

しかし、ニッチア・プトリダの葉緑体の設計図には、光合成用の項目がないことが分かっている。光合成のための情報はすべて捨てられてしまったのだ。周りの小さな生き物を食べることもなく、水に溶け込んだ養分を吸収して生きている。

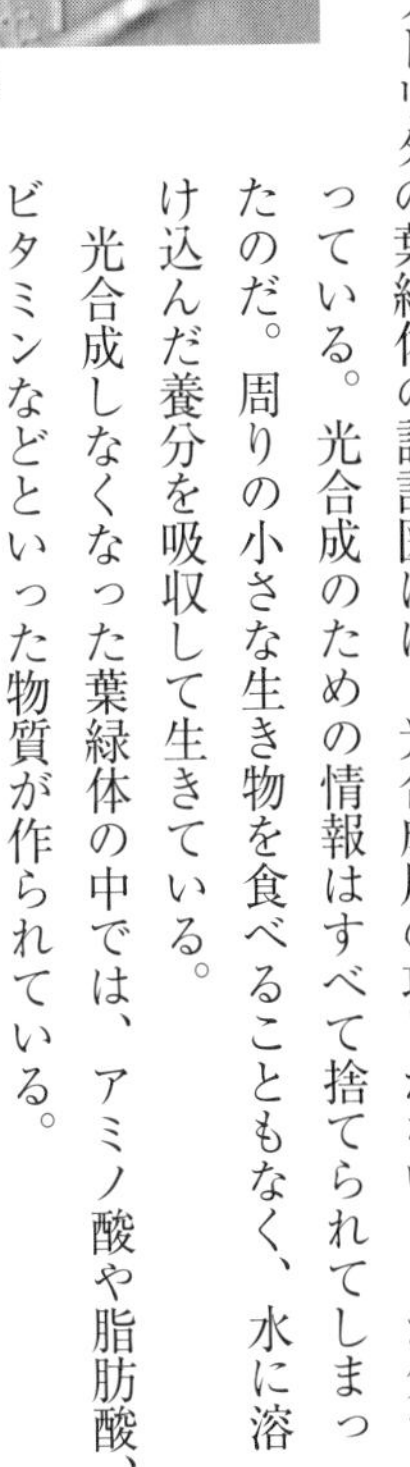

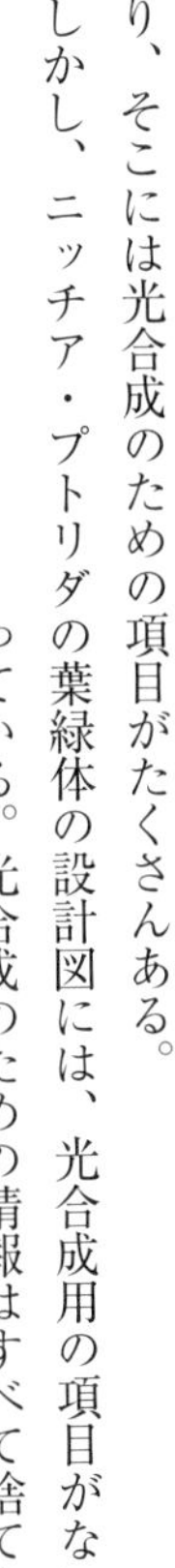

光合成をやめた白い珪藻

光合成しなくなった葉緑体の中では、アミノ酸や脂肪酸、ビタミンなどといった物質が作られている。

「葉緑体では光合成が行われている」、とここまでの章ではシンプルに、しかし繰り返し書いてきた。しかし実際の葉緑体は、それだけを行っているのではなく、細胞を形作るために必要な様々な物質を作っている。

我々はこれらの物質を食べ物から得ている。我々だけでなく、単細胞の真核微生物の多くも他の生き物を食べることで補っている。

しかし、光合成をしなくなった珪藻、ニッチア・プトリダは他の生き物を食べられない。水に漂うものを吸収する手はあるが、アミノ酸や脂肪酸などは水中に豊富には存在しない。だから、生きるために必要な物質の多くは自力で作るしかないのである。

仮に設計図の項目をうっかり書き間違えて子孫に伝えた場合、それによってアミノ酸などが作れなくなれば子孫はすぐに死んでしまう。そのためこの珪藻では、光合成をやめたあとも葉緑体の役割が縮小し続けるという進化は起こらなかったと想像できる。

偶然のエラーにどう立ち向かうか

光合成をやめるという生き方は、筆者の感覚ではそこまでレアではない。真核生物で何度も繰り返し起きてきた現象である。

そしてその現象は偶然の産物だ。細胞が増えて子孫にゲノムという設計図を書き写して渡すとき、書き間違いや写し間違いは常にある頻度で起こりうる。そのとき光合成をするために大事な部分に書き間違いや写し忘れがあれば、光合成はできなくなる。

それが進化につながるかどうかは、「偶然の過ちが起きても生きていけるかどうか」「その後も子孫を残せるかどうか」次第である。

光合成を捨てた生き物は、それでも生きていけた。ということは、光合成以外の別の手段をすでにもっていたのだ。そう、パーフェクト・ビーストのような二刀流の生き物だ。

先述したように、多くの光合成する生き物は光合成だけに依存して生きているのではない。彼らは光合成しながら周りの生物を食べたり、水に溶け込んだ養分を吸収したりできる混合栄養である。

こういった光合成＋αの生き方をしていたパーフェクト・ビーストが、ある日間違って光合成の機能を失ってしまい、ただのビーストになった。しかしそれまで二刀流の暮らしをしていたため、もう一方の生き方でどうにか生き残って次世代に命をつなぐことができたのだろう。

もちろんそのためには、餌になる生き物が周りにいたり、十分生きていけるだけの養分が周りの水に溶け込んでいたりといった環境上の理由は必要だっただろう。具体的に何が理由で生き残れたのかは分からない。しかし、元々二刀流であったことで、刀の1本を失っても生存競争を戦うことができていることに変わりはないのである。

光合成しない奇妙な植物

パーフェクト・ビーストからただのビーストになる進化の物語を、我々は他人事のように受け止めることができる。正直、こんなことを知らなくてもそれなりに楽しく生きていける。

しかし、たまに我々人間にとって、もしくは人間以外の生き物にとって少々問題のあるヤツらに進化することがある。もちろん、彼らは彼らで何も考えずに生きているだけである。厄介な生き物になろうと思ったわけでも、厄介な生き物であり続けようと思っているわけでもない。そもそも厄介かどうかは我々の都合による。

ハマウツボと呼ばれる植物がいる。ハマウツボの仲間は、光合成する植物と同じように根をはり、そこから養分を吸い取る。この根が厄介で、他の植物の根と合体することができるのだ。

光合成する植物の根から出されるある種の物質をハマウツボの根が感知すると、するすると近づいて文字通り合体する。するとハマウツボは生きるために必要な栄養分を、根を通じて光合成する植物から吸い出すことができる。

光合成は相手に任せ、自らは根から栄養を奪う。まさに究極の省エネである。我々からすればヒモの極みだ。ハマウツボの仲間には、光合成を全くせず他の植物に完全に依存するものや、光合成をしつつ相手に依存するタイプなどがある。後者のタイプのハマウツボの仲間には、ストライガという名前の仲間がいる。これは農作物に非常に大きなダメージを与えるため問題になっている。

寄生植物・ハマウツボ

我々がよく知るランにも、変わった寄生を行うものがいる。

ランの仲間でも光合成をしなくなったものは、同じように別の生き物に依存する。ところがその相手は植物ではない。カビの仲間なのだ。

ランは元々その生き方を特定のカビの仲間に依存している。ラン以外の植物の多くは、種に発芽のための栄養を仕込んでいる。子供にお弁当をもたせている感じだ。

一方で、ランの仲間は違う。ランはカビの仲間から栄養をもらい、そして発芽し、光合成しながら生長して花を咲かせる。これが極端になって、カビから栄養をもらうだけになって、光合成をしなくなったものがいるのだ。

このような光合成をやめた植物の仲間も、葉緑体自体はもっており細胞の中にその小部屋が捨てられることなく残されている。ところがその設計図からは、光合成に必要なほとんどの項目が捨て去られている。もっていたとしても、きちんと働いていないと考えられているのだ。そのため、葉緑体の設計図は、光合成をしているものと比べ、もっとずっと小さなものになっている。

熱帯雨林に咲くラフレシア

ところが、細胞内をくまなく探しても、葉緑体はあるのに、葉緑体の設計図は欠片(かけら)すら見つかっていない植物がいる。

そのひとつがラフレシアだ。科学的にないことの証明は極めて困難であるため、正確に表現すれば「葉緑体の設計図がない可能性が高い」というものになるだろう。

ラフレシアは寄生性の植物で、寄生相手の植物から栄養を得て育つ。そのため茎も枝も葉も根もなく、寄生相手の植物からひとつの大きな花を咲かせる。その花の直径はなんと1メートルにもなり、重さでいうと7キロというから相当である。

ただし、その花は我々が知る「花」とはイメージがかけ離れている。色はお世辞にもきれいとは言えず、においは人間にとって強烈で、腐肉のようなものらしい。筆者もにおいを嗅いだことはないし、嗅ぎたいとも思わないが、葉緑体の設計図をなくしてしまった植物として極めて興味深い。

寄生虫の道に流れたマラリア

光合成をやめ、ヒトなど動物の寄生虫になったものもいる。マラリアという病は適切な治療を受けられない場合、高熱を発症し死に至る。高熱以外にも、脳や他の臓器に合併症を引き起こすこともあるようだ。

WHOが2019年版として発表しているレポートでは、マラリアは世界的にはアフリカを中心に、特に妊婦や子供に深刻な影響を及ぼしている。ある年では2億を超える症例が報告され、また年間40万人以上が死に至るという。記録を見ると、以前は日本でも感染することがあったらしい。今は日本ではマラリアは撲滅されているため、感染例が出るのは海外で感染して帰国後に発症した場合である。

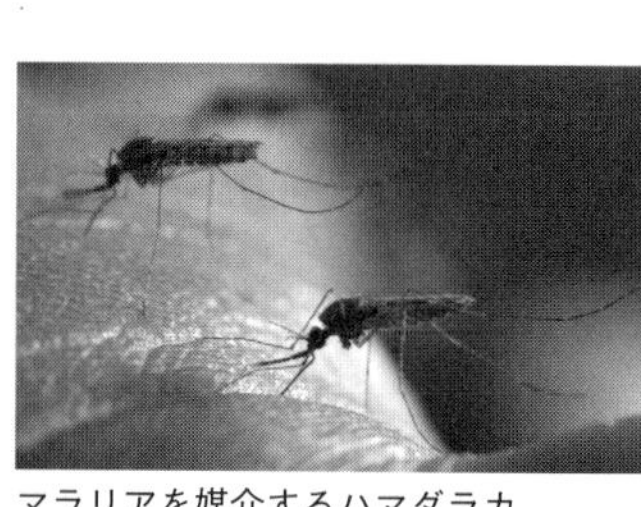
マラリアを媒介するハマダラカ

マラリアは、ハマダラカを媒介して人に感染する。その原因生物はプラズモディウム・ファルシパルム（*Plasmodiumu falciparum*：熱帯熱マラリア原虫）などマラリア原虫と呼ばれる単細胞の真核生物である。感染したマラリア原虫の種類によって、その症状は異なり、熱帯熱マラリアとか三日熱マラリアなどと呼ばれる。

このマラリア原虫は、かなりざっくりと言うとゾウリムシや先述した渦鞭毛藻の仲間に近く、元々植物と同じように光合成する生き物であったことが分かっている。現在はというと、マラリア原虫はもちろん光合成をしていない。

マラリア原虫の生活スタイルには、光合成をする植物のようなたたずまいは見る影もない。しかしマラリア原虫の細胞には昔からアピコプラストと呼ばれる小部屋があることが知られていた。このアピコプラストこそが、過去に光合成していた葉緑体のなれの果てである。ちなみにこれにもまだ役割があり、アピコプラストがなくなると自然界では生きていけないと考えられている。

“家族”に寄生するノリ

「敵を欺くにはまず味方から」とは孫子（そんし）の兵法のひとつである。本来の意味とは少し違うかもしれないが、相手を嘘や秘密でだまそうと思ったら、身近な人にも嘘をついたり秘密にしたりしないといけない、といった感じだろうか。

味方どころか、人間で言えば家族のように近い相手をだましたあげく、体を乗っ取る生き物がいる。この生き物は、相手の細胞の中に自分の細胞の中身を送り込み、細胞を乗っ取るのだ。乗っ取られた細胞は、送り込まれてきた中身を細胞内で増やし、隣の健康な細胞に送り込む。隣の健康な細胞も同じように乗っ取られ……。

ここまで読んで、ある人はウイルスを想像したかもしれない。またある人は病気の素になるバイ菌を想像したかもしれない。別の人は、これまでにも出てきたような聞いたことのない名前の生き物だと思うかもしれない。

しかし、この生き物は、ざっくりと括（くく）ってしまえばノリの仲間（紅藻類）である。ノリの仲間と聞くと、食べ物の海苔や磯でゆらゆらと海中を漂う赤っぽい海藻を思い浮かべるだろう。確かに6000種以上知られるノリの仲間は基本的にそうなのであるが、この生き物のように、自身の親戚・兄弟・姉妹ともいえる関係をもつ相手に感染し、細胞を乗っ取るノリの仲間も100種以上知られている。

ノリの仲間なので、元々は光合成をしていたのだが、彼らの多くはこれまでに紹介した生き物のように光合成をやめてしまっている。

この「ノリの仲間」が乗っ取るのは「ノリの仲間の細胞」である。ノリの仲間に感染するノリの仲間……というと少々ややこしいかもしれないが、まるで親戚のような近い仲間の細胞に感染して体の一部を乗っ取るのである。

このような「相手を乗っ取るノリの仲間」の中には、自身に極めて近い仲間の細胞を乗っ取るタイプがいる。進化の過程で枝分かれした兄弟や姉妹のような相手の細胞に、自分の細胞の中身を送り込むのだ。元々もっている細胞が融合する性質が、うまいこと感染する側に利用されてしまっている可能性があるらしい。

乗っ取られてしまう側も、普通に考えれば乗っ取られるのを避けようとするはずである。普段、何かバイ菌やカビの類い(たぐ)いが感染してきたら、防御機構が働くだろう。我々人間の体が侵入してきたバイ菌やウイルスを撃退しようとするように。

しかし、この近い関係の相手に感染して乗っ取るというやり方は、実は乗っ取る側にとってはかなり都合がいいようである。乗っ取るノリは乗っ取られる側にとって兄弟や姉妹、親戚のようなものだ。感染する側がするりと入り込んできてしまうのは、自分と相手をきちんと見分けるのが難しいからなのかもしれない。乗っ取る側は防御機構をすり抜けて相手の細胞に自分の中身を送り込むことができるのだ。

感染された細胞は、自分の中身と送り込まれてきた中身が混じった細胞になる。そして元々できていたはずの光合成という能力が、感染された細胞からは失われてしまう。

このような感染するノリの仲間には、ざっくりと2つのパターンがあると言われている。ひとつは自身の兄弟・姉妹のように極めて関係が近い仲間の細胞に感染するものだ。こちらは送り込んだ自分の核を感染相手の細胞内で増やしてもらうことができる。近い間柄だからこそできてしまう芸当だろう。

感染された細胞は、新たな感染用の細胞をそこから作り、また別の細胞に感染していく。作られた感染用の細胞には、不思議なことに感染する側の核は入っているが、感染された側の核は入っていない。同じ細胞に混じって存在しているのに、どうやって選別が起きているのかとても不思議である。

もうひとつは、近い関係だけど、少し離れた親戚のおじさんのような関係の相手に感染するものだ。こちらの場合は、近い関係だけど少し離れているので、送り込んだ細胞の中身を増やしてもらえない。自力で増えないといけないのだ。

この手の場合、感染相手の体の中を、まるで根をはるように細胞と細胞の隙間を縫って伸びていく。その間に隣り合った健康な細胞に自身の中身を送り込む。

感染するノリの仲間が感染相手の体内で成長し外側に出てくる際、感染相手の葉緑体をもらっていることがあるようだ。自分は光合成できないのに、相手の葉緑体をもらって光合成している場合もあるらしい。

このような自分の兄弟・姉妹や親戚にあたるような相手に感染するノリの仲間がどうやって進化してきたのか、よく分かっていない。

繰り返すが、進化は偶然の産物であることが多く、意思をもって進化することはできない。そしてその進化の素になるものは元々別の目的でもっていたものが使われる。

「進化は技師ではなく、修理工」だからだ。病原体となったノリの仲間も、細胞同士が融合したりつながったりといった元々もっていた仕組みを利用している。もちろん目的は180度変わってしまっているが。

生き物が使っている道具やシステムが、今後どのような使われ方をして結果的にどんな生き物に進化していくのか、我々人間が知る由はない。

それはまるで、おもちゃを渡された子供が、大人の想像の斜め上をいく使い方をすることがあるように。

光合成をやめるの、や～めた！

あるとき真核生物は、光合成する生き物を細胞内に取り込んで、光の力を使って生きることができるようになった。そしてあるものは光合成という能力を捨て、モノを食べたり病原体になったりした。

もしも彼らに知性があり、我々と会話できるのであれば、読者の中にはこう聞きたい人がいるだろう。

「光合成をやめたこと、後悔してない？」

後悔しているかどうかは知らないし、一生分からないと思うが、光合成を「やめることをやめた」生き物がいる。たぶん後悔したからではない。

渦鞭毛藻類という生き物の一部がそうだと言われている。

渦鞭毛藻類は単細胞の生き物で、海にもいるし池にもいる。夜光虫という言葉は耳にしたことがあるかもしれない。これはノクチルカ・シンチランス（*Noctiluca scintillans*）という渦鞭毛藻で、たくさん増えて集まると、波打ち際などで夜に青白く発光する。ノクチルカは光合成しなくなった渦鞭毛藻類の一種である。

他にも同じように光合成をやめた仲間がたくさん知られていて、渦鞭毛藻類で知られている２０００種のなんと半数近くが、光合成をやめた生き物だと言われている。渦鞭毛藻類では光合成をやめるのは珍しいことでも何でもないのだ。

一方で光合成する仲間にも興味深い特徴がある。彼らが皆同じタイプの葉緑体をもっているわけではなく、葉緑体の色も違うし、形も違うという点だ。

例えば陸上植物の葉にある葉緑体は、基本的に皆同じタイプであり、陸上植物やそのまた昔のご先祖様から受け継がれたものだ。その他の様々な光合成する生き物も同様である。

この点で、渦鞭毛藻類は他の光合成する生き物と全く違う。

光合成する渦鞭毛藻類のほとんどは、他の生き物がもっていない光合成のための色の素をもっているし、設計図の形も内容も使われ方も全く違う。「普通の」渦鞭毛藻類の葉緑体は、かなり普通ではない。

もう一点、大きく違う点がある。葉緑体を入れ替えてしまう点だ。「普通の」渦鞭毛藻類の葉緑体は赤茶色をしている。しかし、一部の渦鞭毛藻類は黄色だったり、緑だったり、オレンジ色だったり、違う色をもっている。このように色が違うのは、別の光合成する生き物を渦鞭毛藻類が細胞内に取り込んで葉緑体にしてしまったからだ。

これまでにも何度か出てきたハプト藻類や、緑藻類を取り込んで葉緑体にしたものもいるし、珪藻類を取り込んでいるものもいる。だから取り込んだ生き物によって色が違う。元々赤茶色だったはずの渦鞭毛藻類が緑にもなるのだ。

ちなみに珪藻を取り込んだ場合、正式には葉緑体にはならず、ただ取り込んだだけのような状態となる。珪藻の細胞がもつほとんどすべてを、取り込んだあとももっているからだ。珪藻の核もあるし、ミトコンドリアもある。もちろん葉緑体も。つまり、渦鞭毛藻類と珪藻類が本当に合体した状態で存在するのだ。

最近の研究で、別の葉緑体を新たに手に入れた渦鞭毛藻類は、いったん光合成をやめている可能性が高いことが分かってきた。自らの葉緑体を赤茶色のまま、別の葉緑体と入れ替えたのではなく、一度無色になってから新しい葉緑体を手に入れているようなのだ。

渦鞭毛藻類は、光合成する他の生き物を食べるものもいるし、光合成をやめるものも珍しくない。そういう融通無碍（ゆうずうむげ）な特徴が、一度光合成をやめたあともう一度別の葉緑体を手に入れて光合成する生き物になるということを可能にしたのかもしれない。

ちなみにこの手のやり方で再び光合成する生き物になったカレニア（*Karenia*）という渦鞭毛藻類は、有害な赤潮を発生させるほど大増殖し、日本を含めた様々な国の水産業や観光業を苦しめることがある。そのくらい、ある意味再び光合成する生き物として成功してしまったのである。

進化に感情はいらない。男に二言はないとばかりに、一度光合成を始めたからといって光合成を続けないといけないことはない。光合成を一度やめたからといって、ずっとモノを食べる生き物であり続けないといけないことはない。

たまたま光合成を失い、生き残ることができた上に次世代に子孫を残し、結果的に光合成を失った生き物が進化によって誕生する。そして、何かの偶然さえあれば、再び光合成する生き物が誕生する。

進化には二言も三言も許されるのである。

我々は光合成する生き物になれるか？

人間はいい意味でも悪い意味でも、地球上に君臨している生き物である。今のところ、地球の環境を壊すことなら簡単にできる能力は身につけてしまっている（地球の環境をより良くしたり、壊した環境を１００％元に戻すことはできないくせに）。そういう意味でも、ある種の成功した生き物だろう。

さて、この章では光合成し地球環境を下支えする成功者が、その成功の源でもあった光合成する能力を捨てる話をしてきた。そして光合成をやめた生き物が、再度光合成をできるようになる話もした。

ここまで読んでいただいた方の中には、

「で、人間は光合成できるようにならないの？」

という疑問をもつ人もいるかもしれない。人間が光合成するようになると、モノを食べないので他の生き物の命を奪わないし、お金もかからない。行き過ぎた競争もなくなるかもしれない。最終的に光合成する人間は環境を支える地球にやさしい生き物になるかもしれない。

ということで、真面目に人間は光合成する生き物に進化できるかを考えてみたい。光合成する生き物に進化する、というのは最終的に我々の細胞が葉緑体を手に入れればいいわけである。しかしこれが一筋縄ではいかない。

例えば筆者の体の細胞が光合成する生き物を取り込んだとしよう。筆者の体を支える数十兆個の細胞がいっせいに同じ生き物を取り込むのはなかなか難しいだろうから、仮に耳にある細胞のひとつが光合成する生き物を取り込んだという前提で話を進めてみたい。

この段階では、残念ながら光合成する耳の細胞ではない。顕微鏡で見たら色づいているかもしれないが、単なる光合成する生き物を中にもつ「光合成しない耳の細胞」である。中に入っている光合成する生き物と耳の細胞は別の生き物で、全く統合されていないからだ。

これは単に耳の細胞に起きた変化と呼ぶのが正しいだろう。進化では全くない。

取り込まれた光合成する生き物が葉緑体へと進化するには、多くの乗り越えなくてはいけない壁がある。少なくとも、まずは耳の細胞が分裂するのと一緒に増えてもらわないといけない。筆者の体もだいぶ新陳代謝の効率が悪くなってきたとはいえ、まだ細胞分裂して日々新しい細胞が生まれ、古くなった細胞は捨てられている。

このまま耳の一細胞に光合成する生き物が入っていても、新陳代謝で捨てられる運命だ。耳の細胞が分裂するのと同じタイミングで光合成する生き物も分裂して、一緒に増えてもらわないといけない。

仮に光合成する生き物が耳の細胞の中で増えるスピードがかなり速いとすると、筆者の耳の細胞は破裂してしまうだろう。これでは病原体と似たようなものである。

一方で、光合成する生き物の増えるスピードがかなり遅い場合を考えてみよう。今度は耳の細胞が分裂した際に置いてけぼりをくらい、片方の細胞には光合成する生き物が入っているが、もう片方には入っていない、なんてことが起こる。

これは第3章で紹介したハテナの話と通じるものがある。ハテナも、細胞の中に取り込んだ緑藻という光合成する生き物と同じタイミングで分裂できないので、緑色のハテナが分裂すると片方は緑でもう片方は無色になっている。

全く別の生き物の細胞が似たようなタイミングで呼吸を合わせて分裂しないと、細胞内に取り込んだあとも維持しておくことができないのだ。

さて、どうにかこの壁を乗り越えたとしよう。耳の細胞の新陳代謝に合わせて、偶然にも細胞の中の光合成する生き物も分裂し、一緒になって増えることができる可能性もゼロではないかもしれない。すると筆者の耳の一部が緑色か紅色かオレンジ色か、取り込んだ生き物によって変わるものの、色づいているはずだ。

しかしこれではまだ不十分である。細胞の中に取り込まれた光合成する生き物から、私の耳の細胞は養分をもらいたい。せっかく光合成しているのだから、そのおこぼれを頂戴できないのであれば耳を緑とか紅色にした甲斐がない。そしておこぼれなんてみみっちいことは言わず、最大限「奪いたい」ものである。

そのためには取り込まれた生き物が光合成で作った糖などを筆者の耳の細胞に渡してくれないといけない。つまり、光合成する生き物の外側に捨てられるようになってくれないといけない。

取り込んだ側の細胞（つまり人間の細胞）も変わる必要があるだろう。細胞の中にいる光合成をする生き物が最大限に力を発揮し、そして最大限筆者の細胞に糖などをくれるようにするのだ。

人間が自身の体で光合成するようになるということは、少なくとも次世代にこの特徴を伝える必要がある。そして取り込まれた光合成する生き物も、それをもつ人間の細胞も、どちらも次世代に伝えられる過程で偶然の力を借りつつ少しずつ変わる必要がある。何千万年先か何億年先か、結果的に世界中の多くの人がもつようになることが最低条件だ。

ここでお気付きの方がいるかもしれない。それは、我々が次世代に特徴を伝えるには、体の細胞が分裂しているだけでは駄目だということだ。生殖細胞がその特徴（もしくはその特徴の設計図）をもっている必要がある。耳の細胞が生殖細胞になることは自然な状態ではほぼ不可能だろう。

つまり、光合成する生き物が筆者の体の細胞内に取り込まれ、どうにか息が合ったタイミングで一緒に分裂し、耳の一部がほんのり色づいたとしても、それは次世代に伝えていくことはできない。

進化とは、生き物にある特徴が偶然生まれ、それが次世代へと次々に伝えられ、結果的にその特徴が集団に広がっていくことである。一人では光合成のような進化はできないし、たかだか一世代でもそんなことはできないのだ。

ここではあくまで「将来的に葉緑体の素となる光合成する生き物」を次世代に伝えていけるか、という観点で考えてみた。実際には体の中に侵入してきた時点で人間の防御機構が働いて、入ってきた生き物を排除しようとするだろう。実際の葉緑体獲得には、葉緑体を働かせるための設計図の項目それぞれの進化、葉緑体から養分を効率よくもらう仕組みの確立、葉緑体をタイミングよく増やす仕組みを作るなどの様々なステップが必要である。今回はそれらを省いて話をかなりシンプルにしている。

長々書いたがそろそろ結論を述べよう。人間の体は、もはや光合成するようにはならない。人間は他の生き物の命をありがたくいただきつつ、そして地球からは住む場所をいただきつつ、他の生き物と共生していく他ないのである。

第5章

正体不明の微生物たちとブレークスルー

寄生の起源はどこにあるか

クロメラ（*Chromera velia*）とビトレラ（*Vitrella brassicaformis*）という単細胞の真核生物がいる。どちらも光合成する生き物であるものの、我々人間にとって病原体であるマラリア原虫に近い仲間だ。

この2種はいずれもサンゴの共生者として「当初は」報告された。それは真核微生物を研究する分野にとって、とてもセンセーショナルなニュースだった。

クロメラとビトレラの発見は、長いこと分からなかった「マラリア原虫という病原体は、元々どんな生き物だったのか」を解き明かす鍵となったのだ。

第4章で述べたように、マラリア原虫は元々光合成する生き物だった。それが光合成をやめ、病原体や寄生者と呼ばれるような生き物に進化した。

マラリア原虫の仲間にはいろんな種類があって、サルやゴリラ、チンパンジーなど比較的ヒトに近い動物にも感染するものがいるし、ウシやヤギ、ネズミや蝙蝠（こうもり）、トカゲや鳥などに感染するものもいる。

これを真核生物の系統樹全体で見ると、これらの感染を受ける生き物はすべてオピストコンタというグループの中の脊椎(せきつい)動物というひとまとまりになる。多様なのかそうでないのか、とても主観的な表現であるので線引きが難しいが、感染相手がヒトだけではないということが伝わればここでは十分である。

決して1種の病原体が1種の生き物に感染するなんていうキレイな関係ではなく、同じ生き物に複数の種類のマラリア原虫の仲間が感染する。ヒトに感染するマラリア原虫の仲間も複数いて、しかもそれらはお互いに近い関係にあるわけではない。感染する相手を何度も替えてきたからだ。

彼らの感染という特徴の起源は、想像よりもっとずっと以前にまでさかのぼるのかもしれない。

クロメラもビトレラも、発見直後はサンゴに利益を与えるタイプの共生者として考えられていた。彼らは光合成するので、二酸化炭素を糖に変えることができる。

一方、同じようにサンゴに共生する褐虫藻の仲間は、光合成によって作られた糖の一部をサンゴに渡し、サンゴからは別の栄養をもらうことで相互にウィンウィンな相利共生という関係を築いている。もちろん追い出されてしまうこともしばしばあるので、常に共生者というわけでもないが。

クロメラもビトレラも同じようにサンゴから見つかり、どちらも光合成していたとなると、褐虫藻と同じようにサンゴとお互いにウィンウィンな状況がある相利共生体と考えるのは何も不自然ではなかった。

しかし、最近の報告はそんな我々の思い込みを少しずつ変えつつある。

“共生者”のラベルをはがす

まず、クロメラやビトレラがサンゴ礁のどこに多いのかを調べた研究がある。クロメラやビトレラがサンゴの共生体なら、サンゴからたくさん見つかるはずである。しかし、この報告では、サンゴの周りやサンゴの中からではなく、その周辺に生えている海藻にくっついている場合が多かったのだ。

つまり、サンゴと何か関係があったとしても一時的なものか、少なくとも常に一緒に生活している共生者というわけではなさそうである。

さらに、クロメラがサンゴと一緒にいるとどうなるか実験した研究例がある。この実験はクロメラがサンゴの中に入り込むと、サンゴはどう反応するかを調べたものだ。

もしもサンゴがクロメラをありがたいものとして受けいれるのであれば、褐虫藻が中に入ってきたときと同じような反応があるはずである。しかし反応は全く違って、むしろ病原細菌が侵入してきたときと似たような反応を示したのである。

これはクロメラがサンゴにとってありがたい共生者ではなく、もしかしたら侵入者や場合によっては病原体として認識している可能性まである。

クロメラもビトレラも、マラリア原虫が元々どんな生き物だったのかを解明する鍵となる生き物として世に紹介された。彼らが見つかったおかげで、マラリア原虫が光合成しつつ寄生もする赤やオレンジ色の生き物だったであろうことが想像できるようになったのだ。

それだけではない。探せば似たような生き物がもっといるだろうということで、サンゴの周りの真核微生物はこれまで以上に盛んに研究されるようになった。そのおかげか、「常にサンゴに共生しているであろう」マラリア原虫に近い生き物の存在が、今まで以上に浮かび上がってきている。

もちろん、その生き物はいることが分かっただけであり、姿形が完全に分かったわけでも研究室内で育てられているわけでもない。未知の生き物である。

この生き物の面白いところは、設計図の一部には光合成をするための道具の項目はないにもかかわらず、光合成のための色の素・クロロフィルを作るための項目はもっていることだ。クロロフィルが、光合成以外の働きもしている可能性を意味している。

クロメラにしろビトレラにしろ、はじめはサンゴの共生者として認識されていたし、誰も特に疑わなかった。我々が勝手に共生者というラベルを貼ったわけである。しかしそのラベルは日本の研究者を含めたいくつもの研究グループによってすでにはがされつつある。さて、今度はどんなラベルが貼られるのだろう。

ただこの手のラベルは人間が勝手に作って、勝手に貼って、そして勝手にはがしているだけである。我々人間は「あの人はこういう人」などとラベルを貼りがちである。

しかし、単細胞の生き物は我々の貼るラベルなど関係ない。彼らの生き方で、彼らの生きることができる場所で、偶然に身を任せつつ、周りの生き物と関係をもちながら生きているだけである。我々のラベルを横目で見ながら。

持ち主不明の遺伝子

――むかしむかしあるところに、ピコビリ藻という光合成する生き物がおったそうじゃ。

なんて、昔話のように語られてしまう生き物にピコビリ藻というものがある。なぜこんな昔話調になってしまうかというと、ピコビリ藻という生き物はもはや存在しないからである。

こう書くと「絶滅か⁉」とか「人間の社会活動が生態系を不安定なものに」という話になりがちであるが、ピコビリ藻の場合は事態はもっと穏やかである。この話は、育てることができない生き物を研究者が苦労しながら調べた話だからだ。

10年以上前から、環境中から直接DNAという物質を取り出してきて調べるという手法がとられるようになった。DNAとは生きるための設計図であるゲノムの素材である。そこには、リボソームRNA遺伝子というすべての生き物が共通してもつ項目がある。この領域を調べると、少なくともこれまでによく知られている生き物なのか、そうでないのか、何の生き物に近そうなのか、などの情報を得ることができる。

海水などから直接取ってきたリボソームRNA遺伝子の中に、一部、持ち主が分からないものがあった。真核生物であることは確かなのだが、それまでに知られていた生き物の中には特別近い生き物がいなさそうだったのだ。

その持ち主不明の遺伝子の持ち主を光らせるために、FISH（蛍光 *in situ* ハイブリダイゼーション）という方法で海水の中の生き物を調べてみると、どうやらその持ち主には光合成のための色が付いているらしいことが分かった。この色の素はフィコビリンという名で呼ばれるものだ。つまりその遺伝子をもつ真核生物は光合成する未知の生き物のようだった。

これは地球全体の生態系を考えるととても大事な発見だった。光合成する生き物は地球の環境を支えている。彼らを知っておかなければ、どのくらい光合成が起きてどのくらいの二酸化炭素が糖に変わるのかといった計算を正しくすることができない。

2007年に報告されたこの生き物は、ピコビリ藻と呼ばれるようになった。小さいサイズという意味の「ピコ」と、フィコビリンという光合成に使われる色の素が見られたことからビリという言葉を付け、陸上植物以外の光合成する生き物という意味の「藻」を合わせた名である。こうして、光合成する生き物のリストに新たな仲間が加わったわけである。

その後さらに技術革新が進み、1細胞でもどうにか設計図の全体像を部分的にではあるが調べることができるようになった。我々が育てられない生き物も、その性質をある程度知ることが可能になったのだ。

2011年には実際に、3細胞のピコビリ藻を1細胞ずつ別々にとってきて、そこから設計図を調べるという研究が行われた。

設計図には、なんと光合成に関わる項目が一切見つからなかった。もしもピコビリ藻が光合成する生き物であれば、部分的にでも設計図を調べると光合成や葉緑体の働きに関係のある項目は見つかるものである。光合成に関する項目が発見できないという「発見」は、ピコビリ藻が光合成する生き物ではない可能性を我々の前に突き付けてしまったのだ。

「じゃあＦＩＳＨの実験で観察された、光合成のための色は何なのだ」という話になるが、「食べたものの色じゃない？」と軽く処理されてしまった。

その2年後、ようやくピコビリ藻を育てることに成功した研究室が出てきた。とはいえ、ピコビリ藻はまもなく死んでしまい、研究されたのは限られた期間だけではあったが、その細胞がどういうもので、生息環境で何をしているかを知るには十分な発見だった。

名前が変わりすぎた謎の生物

ピコビリ藻は2から3マイクロメートル（1ミリメートルの1000分の1が1マイクロメートル）ほどの大きさをもつ細胞で、葉緑体はなく、光合成はしない。食べ物はというと、生き物というよりはその破片や水中にふわふわ浮いている何かの粒を食べていると考えられた。やっぱり光合成をしている生き物ではなかったし、以前に観察された光合成のための色は、食べ物か何かの色だったのだ。とはいえ、光合成はしなくとも海水中で物質を食べて分解する者としての役割はかなり大きいだろうと見積もられている。

結局この生き物はピコビリ藻ではなく、ピコモナスと名付けられた。正式名はピコモナス・ジャドラスケダ（*Picomonas judraskeda*）である。

彼らは光合成もしないし、藻でもなかったので、単細胞の生き物で鞭毛をもつ仲間という意味の「モナス」を使ったピコモナスという名があてられた。鞭毛というのは細胞が動くための鞭（むち）のようなものである。とても発音しづらいジャドラスケダは、この生き物の特徴的な動きを示す名である。ジャンプしてから、マウスをドラッグするようにゆっくり動き、最後に逃げるように急加速して遠くへ行く（英語でSkedaddle: スケダドゥル）を合わせた名だ。

この報告があった2013年、こうしてピコビリ藻はいなくなり、ただの昔話となった。

――むかしむかし、ピコビリ藻という生き物がおった。しかし、今はピコモナスという名で呼ばれ、光合成をするという噂を立てられることもなく、海で何かを食べて暮らしているそうじゃ。

昔話であればここでめでたく終わるわけであるが、現実世界の研究の話なので終わるわけにはいかない。他にもまだその姿形が未知の生き物がいるからである。

2011年にも、光合成する全く新しいグループがいる可能性が、ピコビリ藻とは別の研究から提唱された。カナダのグループを中心とした研究で、それまでに見つかっていた持ち主不明の葉緑体の設計図の一部を改めて解析しなおすと、光合成するグループのどれにも入らない可能性が高かったのだ。この持ち主不明の情報は、これまでに知られている光合成する生き物のものと特に近いものではなさそうだった。

ピコモナスと同じようにFISHという方法で海水の中を調べてみると、葉緑体らしきものを4つほどもっている単細胞の生き物の姿が浮かび上がってきた。

この設計図の項目は、北大西洋やアメリカ西海岸からも見つかっており、それなりに広く分布しているように思われる。しかし調べられた海域がそもそも少なく、地球全体でどのくらいの規模で存在しているのか分からない。この謎の生き物は、ラピモナズと呼ばれた。

お気付きだろうか。葉緑体をもっているかもしれないにもかかわらず「藻」と呼ばれていないことを。「藻」とは、陸上植物以外の光合成する生き物を指す。つまりラピモナズとは光合成していない可能性も含めて付けた名前である。研究者も過去の反省を踏まえて日々学んでいるのだ。

とはいえ、ラピモナズが光合成している可能性も十分にあるし、我々もその可能性はとても高いと今のところ思っている。さて、これもピコビリ藻と同じように昔話になってしまうのだろうか。それとも晴れて光合成する生き物として見つかって、ハッピーエンドを迎えるのだろうか。

我々研究者は、そのハッピーエンドか悲しい結末か分からぬ結果に向かって少しずつ少しずつ歩みを進めている。

葉緑体への道のりをたどる

葉緑体のもとになったのはシアノバクテリアという原核生物である。しかし、だからといってシアノバクテリアがあるときスポッと細胞の中に入れば葉緑体が完成、なんてことにはならない。

それではただの「細胞の中にいるシアノバクテリア」である。そこからは、葉緑体になるために必要な変化を何世代も積み重ねていく必要がある。

しかし、この進化の過程で、具体的に何が大事であったのか、どういう変化が積み重なっていったのかを正確に答えられる人はいないだろう。なにせ10億年以上も昔の話である。そんな昔の出来事や事件の痕跡がはっきりと残っているはずもない。

研究者は、どこかのマンガや小説に出てくるような探偵よろしく、ちょっとした手掛かりをもとに推理を展開するほかない。そのために推理を下支えするような証拠を集めていく。

2000年代に入ってから、そんな研究者たちにちょっとしたギフトがあった。それがポーリネラ・クロマトフォラ（*Paulinella chromatophora*）という光合成する単細胞の真核生物である。かなりざっくり言うとポーリネラは星の砂で有名な有孔虫などに近い仲間で、ガラスでできた殻をもつ。

珪藻が箱のようなガラスの殻を作る一方で、ポーリネラは、まるで瓦を並べて屋根を作るように、小さなガラスの板を1枚1枚少しずつずらしながら重ねていくことで、非常に精巧に作られたツボのような殻を作る。なぜ単細胞の生き物がそんな緻密な作業が可能なのか分かっていない。

ポーリネラは1800年代から知られていたものの、2000年代に入るまでは研究報告がとても少なかった。2000年に入って、複数の研究室で競い合うように研究を進め、その結果も急激に注目を集め出した。

　このポーリネラはソーセージのようなシアノバクテリアを細胞の中に飼っている。そう、まるで葉緑体のように。しかし、これは我々がよく知る葉緑体とは全然違う。

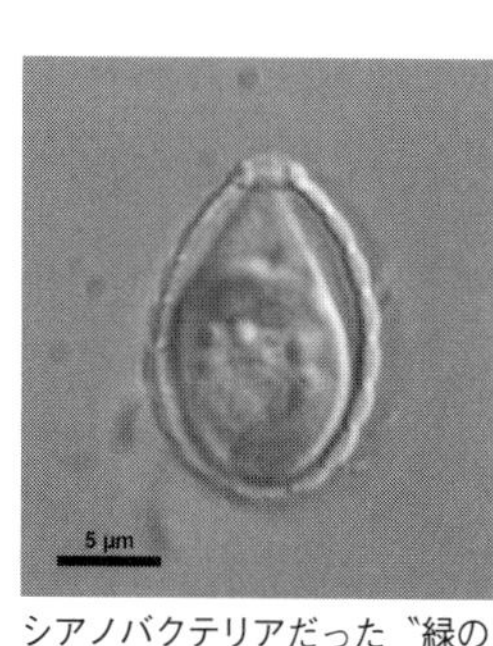

シアノバクテリアだった〝緑のソーセージ〞をもつポーリネラ

むしろ形の特徴はまだまだシアノバクテリアである。

　このソーセージ型のシアノバクテリアは、葉緑体よりも10倍以上若い。植物がもつ葉緑体が10億年以上前に誕生したものであるのに対し、この緑色のソーセージが生まれたのは1億年前だと言われている。スケールがでかすぎてちょっとイメージしづらいかもしれないが、葉緑体の進化という観点からするとかなり最近の話である。

　10倍以上新しい出来事であるということは、彼らが発展途上にいる可能性を示唆している。少なくとも我々がよく知る葉緑体よりもずっと多くの「葉緑体になるために必要なこと」を教えてくれる可能性があるのだ。

進化の鍵を握る〝緑のソーセージ〟

実際、世界中の研究者がポーリネラのもつ緑ソーセージの研究に取り組んできた。そこで分かったことは、この緑のソーセージはすでに葉緑体と似たような仕組みを備えているということだ。

緑ソーセージはもともとシアノバクテリアが素になっているので、ゲノムという設計図をもっている。その設計図は本来のものよりもかなり小さい。遺伝子という設計図の項目のひとつひとつがなくなったり破れたりしているのだ。

とはいえ設計図が破れてしまえば、本来作れるものも作れない。作れなくてもそこまで問題ない道具もあるだろうが、緑ソーセージにとって必要な道具もある。

結果的にどうなっているかというと、ポーリネラの核にある設計図を利用している。ポーリネラのもつ設計図に緑ソーセージのための項目があるのだ。

その項目は、ポーリネラが元々自分のためにもっていたものだったり、過去に餌として食べていた原核生物と思われるものが由来だったりする。ちゃんと設計図として使えれば、もとが何であれＯＫということだろう。

このように他の生き物から遺伝子という設計図の項目がやってくる現象を遺伝子水平伝播と呼んでいる。イメージとしては、親から設計図を受け継ぐのではなく、全く血のつながりのない人から突然設計図の一部をもらうような感じである。

ポーリネラは、自分のための道具だけでなく、緑ソーセージのための道具の一部も作り、そして緑ソーセージへ届ける。

あたかも緑ソーセージが、自分で作るべきものをアウトソーシング、もしくはデリバリーを依頼しているかのように、作り立ての道具を届けてもらって光合成し、様々な活動を行っている。

実は、植物の葉緑体も光合成する真核生物の葉緑体も、同じように道具をアウトソーシングしてデリバリーしている。詳細は述べないが、道具のデリバリーの仕方も基本的な部分はよく似ているのである。

10億年のときを越えて、全く違う生き物が全く違うタイミングで光合成する生き物になった。にもかかわらず、その進化の中身はとても似ていた。

もちろん違う部分も当然ある。例えば道具のデリバリーのルートも、ポーリネラと陸上植物のものとは違う。しかし、もしかしたら陸上植物の葉緑体も、10億年以上昔には似たようなルートで行っていて、今はより洗練されたものになっているからこそ生まれた違いなのかもしれない。

光合成する生き物になるために何が必要か。

我々ヒトはもはや光合成する生き物になれないだろうが、この問いを解き明かすため、今後もこのポーリネラは研究者にとってのアイドルとして注目を集めていくだろう。

生物界の1＋1＝1

第1章から第4章までの間に、多くの光合成する真核生物が登場した。覚えているだろうか。

陸上植物、アオノリなどの仲間である緑藻類、アサクサノリなどの仲間である紅藻類、耳慣れない灰色藻類。

これらはひとまとまりになる仲間であり、同じご先祖様から進化して誕生した家族のようなものである。そしてそのご先祖様が、シアノバクテリアを細胞内に取り込んで葉緑体にした。葉緑体をもち、光合成する仲間がひとつのまとまりにあるというのは一応納得できる話である。

一方で、他の光合成する仲間はどうだろう。

自分の知っている人にとてもよく似た人を見ると、その人たちは親戚同士なんてこともあるだろうが、多くの場合他人の空似だろう。誰が言い出したのか筆者は知らないのだが、この世には、自分によく似た顔をもつ人が3人はいるそうである。

同じような他人の空似は、我々の生き物の認識でも起こる。姿形が似ていれば近い仲間だろうというのは、すべてに当てはまるわけではない。

実際、多くの光合成する生き物は必ずしも近い仲間ではなく、むしろ遠い関係である。赤の他人くらい離れた関係のものもいる。

例えば、ミドリムシの仲間は光合成もするし緑色であるが、同じように緑色の緑藻類に近い生き物ではない。彼らは、眠り病などの原因生物であるトリパノソーマという真核生物に近い仲間である。

ミドリムシと同じような色をした光合成する仲間はほかにもいる。第4章で出てきた、光合成する生き物に返り咲いたと言われる緑色の渦鞭毛藻類の仲間もそうであるし、クロララクニオン藻類という生き物もそうである。

これらの緑色の光合成する仲間は、それぞれ別々の機会に、別々の方法で光合成する生き物になった。その進化現象は、端的に次のように表すことができる。

光合成する真核生物＋モノを食べる真核生物＝光合成する真核生物

まさに1＋1＝1を成立させた現象である。この式はカナダの著名なゲノム進化の研究者であるジョン・アーチボルド（John Archibald）教授の本のタイトルである。

このとき細胞内に取り込まれて葉緑体になった生物、つまり式の最初にある「光合成する真核生物」とは、「光合成する緑藻の仲間」である。シアノバクテリアという原核生物が葉緑体になった話をこれまで取り上げてきたが、真核生物も同じように葉緑体になるのだ。

緑藻のほかに、紅藻を葉緑体にした光合成する生き物もたくさん知られている。彼らも別に色が同じだからといって、近い関係にある仲間というわけではない。

紅藻を葉緑体とした1＋1＝1の進化現象が何回起きたのかも現在のところ分かっていない。2000年代初頭までは、研究者も「光合成する生き物の進化はそんなに何度も起きないだろう」、「同じ紅い色をした光合成する生き物は家族のように近い仲間だろう」、と考えていた。この仮説はクロムアルベオラータ仮説と呼ばれている。

実際、紅藻類が葉緑体のもとになっている生き物は、他のどの生き物ももっていない物質を葉緑体で作っていたり、葉緑体の構造が似ていたりする。その他にも細かい点を挙げれば似ている部分はもっと出てくる。近い関係と考えても不思議はなかった。

ところが、ここ数年の研究でその考えが崩れつつある。生き物同士の関係を表す系統樹が、以前よりも優れた方法で、たくさんの情報からアップデートされ続けているからだ。新たな系統樹で見えてきたことは、紅藻類が葉緑体になった生き物は決して近い関係にあるわけではなく、むしろ遠い関係と考えたほうがいいということである。

さらに、紅い葉緑体をもつ生き物の一部は、他とは別のタイミングで紅い葉緑体を手に入れたかもしれないということも分かってきた。「葉緑体を獲得して光合成する生き物になる」という進化は、真核生物が地球上で繁栄する過程で何度も何度も起きてきたのだ。

研究者たちは、これまで以上に、葉緑体を手に入れるという進化はそこそこの頻度で起こりうるのだろうと考えを改め始めている。新たなデータが、新たな生き物が、新たな説明が加われば、それまでの常識はその都度塗り替えられるのだ。

新たな生き物が発見され、地球の営みが少しずつそのベールをはがされていっているのは事実である。ただ、地球上の生き物の全体像について我々はどこまで分かったのだろう？

パズルの完成形が分からない中で、そしてパズルのピースがまだ足りない中で、どこまで進んだのかなど分かるわけもない。

それでもまだまだ新たに出てくるパズルのピースをひたすらひとつひとつ集めては空いている部分にはめ込んでいく。そんな地道な姿こそが、現在の単細胞の真核生物研究における現実なのだ。

世界は培養できない生き物だらけ

我々が「手早く」培養できる微生物は、実際にいる数の1％程度もないと言われている。今の簡便に使える技術ではできないけれど、将来的にできるようになる可能性があるものもいるだろう。しかし、そんな将来はいつ来るか分からないし、うまくいくかどうかも分からない。

今ある技術で「どんな生き物が、どこに、どのくらいの割合で存在するのか」を知ることができないだろうか。研究者は、培養できなくても、目に見えない生き物がどんなやつらで、どこにいて、どのくらいの割合でいるのか知ろうとした。

そのひとつが、泥や水から直接ＤＮＡを抽出して、そこにあるゲノムの情報を調べるという方法だ。ゲノムは生命の設計図であるわけだから、ゲノムの情報が分かれば、多くの場合、どんな生き物なのかうっすらと見えてくる。

この手法は当初、原核生物で多く行われた。その結果見えてきたことは、現在は培養できないどころか、存在すら知りえなかった原核生物がまだまだ山ほど眠っているということだった。

その数は、ある程度大きなくくりのグループに分けたとしても、培養できているグループの倍以上だったのだ。真正細菌でも古細菌でも未知のグループが存在し、我々の目に留まるのを待っている。

そんなグループの中に、ＳＡＲ86と呼ばれる真正細菌がいる。これは海洋の至る所に分布し、その存在量は海水表面にいる原核生物の10％を占めると言われている真正細菌だ。

このＳＡＲ86も直接設計図を調べる方法によって、光合成とは違うやり方で光のエネルギーを利用していることが分かり注目を浴びた。彼らは、光合成装置とは全く違うロドプシンと呼ばれる道具を使って光からエネルギーを得て暮らしている。

神話に生きる古細菌

どこにでもたくさんいそうな生き物が、まだ培養もできていないなんて信じられない人もいるかもしれない。しかし、現実には培養できているものの方が少ないのだ。

そんな中で、培養しないで直接ゲノムという設計図を調べるという方法で、存在すら知られていなかった微生物がようやく発見された例もある。例えばアスガルド古細菌という生き物（のもつ設計図）の報告だ。

アスガルドとは、北欧神話の神々が住むところの名前である。アスガルド古細菌は、いくつかの小さなグループに分かれている。それぞれのグループの名前もこれまた神々の名にちなんで付けられている。

２０１５年に最初に報告されたのはロキ古細菌で、北極海の深海にある熱水が噴き出す場所、「ロキの城」からその存在が明らかになった。

このほかにも、近い関係にある古細菌は、ロキ古細菌にならって北欧神話の神々の名を与えられている。オーディンやトール、ヘイムダルなど、アメコミのキャラクターにもなっているので耳にしたことがある方もおられるだろう。このロキなどの古細菌をまとめたグループがアスガルド古細菌と呼ばれているのだ。

そんな大層な名をいただいたくらいだから、この生き物（のもつ設計図）の発見の大きさは想像に難くない。

第1章で述べたように、古細菌には真核生物に特に近い仲間がいて、彼らの一部から真核生物が進化してきたことが分かっている。2015年の発表はこの延長であるものの、単に「真核生物に近い未知の古細菌がいることが分かった」ということだけを示すものではなかった。

大発見の詳細を記す前に、まずは真核生物の細胞の特徴について説明しよう。真核生物が唯一もつ核という構造とは、言い換えれば、膜で囲まれた細胞の中に、さらに膜があるということである。このように、彼らの細胞の特徴は、中の膜がかなり複雑に発達していることにある。核以外にも、小胞体やゴルジ体、ペルオキシソームなど、あまり聞きなれないが膜で区切られた小部屋がたくさんある。これらにはそれぞれの役割があり、真核生物の細胞はこれらの小部屋を操ることで命をつないでいる。

2015年のロキ古細菌の設計図についての報告で分かったことは、そこには真核生物細胞内部の膜を操るために必要な、多くの道具の項目があるということだった。

そんな古細菌はそれまで報告がなかった。正確に言うと、そういう遺伝子をもっているものは以前から報告があったが、今回はその量が明らかに多かったのだ。

その設計図の情報を使って系統樹を描いてみると、ロキ古細菌は真核生物に一番近い古細菌だったことが分かった。

つまり、古細菌であるときから、真核生物になるための道具自体はもっていたことになる。この道具はもちろん、核を作ったり、内部の膜が複雑に存在したりするほど機能してはいなかっただろう。しかし、その準備はできていたのだ。

先述のように、研究者たちはこの古細菌たちを神話にちなんで、アスガルド古細菌と呼んでいるが、全く名前負けしていない。

その後も、姿形は見えなくとも、泥や水から直接得られたゲノム情報を丹念に見ていくことで、真核生物に近縁な古細菌がどういう生き物なのかが少しずつ解かれてきた。

アスガルド古細菌は真核生物に一番近い生き物ではあるが、我々のようにモノを食べる能力がないことや、細胞の中で水素を出して周りの水素を食べる微生物と共生しているということなど、ゲノムという設計図から見えてきたこともたくさんあった。

これらはこれらで十二分にセンセーショナルだったのだが、２０１９年になって、もっとセンセーショナルな報告が出てきた。ついにロキ古細菌の細胞の、その姿形がわかったのだ。

その造形を一言で言えば、ボールからメドゥーサの頭髪のようにうねうねと触手のように「腕」が伸びているような姿であった。しかもそれは単細胞——ひとつの細胞の形がそうなのである。

ただし、細胞の中には真核生物のようにたくさんの小部屋はなかった。設計図に膜を操るための道具を作る項目はあったのだが、実際には真核生物と同じような使い方はしていないのかもしれない。それはそれで大きな発見である。

驚きなのは、研究に十分なくらいまで彼らを育て増やすために、研究者は特別な装置を作り、それを使ってなんと2000日以上も根気よく時間をかけたというのだ。筆者にはとても真似（まね）できない。

最新の技術と機械は、我々研究者に最新のデータをくれることが多い。同時に、時間をかけた愚直なほど丁寧な仕事と根気もまた最新のデータをくれる。

そしてそれは時に、最新の技術と機械だけでは得られないほどの価値をもっているのだ。

真核生物の祖先を追う

我々真核生物は、核という設計図を置く小部屋がある。そしてミトコンドリアというエネルギー工場のような小部屋ももち合わせている。光合成する真核生物の場合は、葉緑体という小部屋も手に入れている。そのほかにも様々な小部屋があり、真核生物の細胞が生きるのを支えている。

これらの小部屋は、バイ菌などの原核生物はもっていない。もちろん、先に紹介したアスガルド古細菌ももっていない。真核生物に一番近いとされる原核生物の仲間でさえももっていないのだ。

では、現在の地球に存在する真核生物のうち、どれが核をもった祖先に一番近い生き物なのだろう。真核生物と呼ばれるにふさわしい核という小部屋をもった直後は、どんな姿形をしていたのだろう。そんな興味は数十年前からあった。そしてその候補に挙がり、一時期かなりもてはやされたアイドル的生き物がいる。

その「元」アイドルたちは、すべて酸素がない所で生きている真核生物である。ヒトの腸内に住んでいるものもいるし、性感染症の原因生物もそうである。日和見(ひよりみ)感染で命を奪う生き物もいる。

このような酸素がない所で生きている、真核生物の祖先に近い生き物ではないかとされた「元」アイドルたちは、アーケゾアというグループ名で呼ばれた。

アーケゾアがもてはやされた理由はいくつかあるが、そのひとつはリン・マーグリス(Lynn Margulis)という人が広めた細胞内共生説である。

簡単に説明すると、真核生物の細胞はいろんな生き物からできているキメラである、という説である。実際、ミトコンドリアも葉緑体も原核生物から誕生した小部屋なので、ある意味で正しい。

もちろん、マーグリスの細胞内共生説では他の小部屋や道具も別の生き物由来としているが、今のところ、その仮説を支える証拠はない。ものによっては否定されているものもある。

一方で、細胞内共生説のとおりミトコンドリアは別の生き物由来なのだとしたら、ミトコンドリアをもたない真核生物がいたら、それは祖先に近いのではないか。そう考えた人たちがいた。

そして実際、ミトコンドリアをもたない生き物として名前が挙がったのが、先述したアーケゾアの仲間たちである。さらに、系統樹という生き物同士の家系図を描いてみると、アーケゾアの仲間が真核生物の祖先に近い生き物であるかのように描かれたのである。

ミトコンドリアをもたず、祖先に近いかのような系統樹が描かれる。これらの2点を中心に、数十年前はアーケゾア仮説という考え方があった。「まず、核をもつ真核生物が祖先にいて、そこにはまだミトコンドリアがなかった。そしてその祖先の名残が、アーケゾアの仲間である」という主張である。

しかし研究が進んでくると、その仮説に陰りが出てきた。大事な2つの前提が崩れてきたのだ。

まず、彼らからミトコンドリアの痕跡が見つかるようになったのだ。それはミトコンドリア用の道具が細胞から発見されたり、姿形そのものが撮影されたりと、ありとあらゆる角度から検証された結果による。そして現在では、アーケゾアと呼ばれた仲間はミトコンドリアをもっていた生き物から進化したというのが共通認識になっている。

また系統樹についても、解析の方法が改善されてくると、以前描かれたものとは全く違う形になった。アーケゾアと呼ばれた仲間たちが、祖先に近いということは説得力をもたないものとなったのだ。

実際、現在の真核生物の系統樹では、アーケゾアと呼ばれた生き物は、それぞれアメーバの仲間だったり、メタモナーダの仲間だったり、真菌（カビなど）に近い仲間だったりと、別にひとまとまりの特殊なグループになるわけではないことが分かっている。

かくして、一度は真核生物の祖先に近い生き物として脚光を浴び、もてはやされた生き物たちも、研究が進むにつれ、「あの人は今」的な存在になっている。

もちろんそれはあくまで「真核生物の祖先に一番近いのはどの生き物か？」という研究分野においてであって、医療の分野や細胞の機能を研究する分野では、アーケゾアはとても重要で面白い研究対象である。同じ生き物でも、見る側面が変わると人間にとっての重要度が変わるのである。人間はとても勝手だ。

さて、次は何が真核生物の祖先に近い生き物の候補に挙がるのだろうか。おそらくその候補に対しても数々の検証がなされ、より強固なものになったり、部分的に修正されたり、はたまた覆されたりしていくだろう。三歩進んでは二歩下がりつつ、真核生物の世界について、少しずつ理解を深めていっているところである。

今のところ、現在の地球上で知られているすべての真核生物は、アーケゾア仮説とは異なり、我々と同じような細胞をすでにもっていたご先祖様から進化したのだろうと考えられている。少なくとも今のところは、であるが。

次々現れる新しい生き物のグループ

先述したように現在では、生命の設計図であるゲノムに書かれた情報をコンピューターで解析して、系統樹をできるだけ客観的に描くことができる。ただし、現在でもまだまだ正確な系統樹が描けているとは言い難い。その理由はいくつもあるが、大きな理由のひとつはいまだ系統樹を描くための役者が完全に揃っていないことである。

例えばヘミマスティゴフォラ（Hemimastigophora）という真核生物の微生物がいる。この生き物の存在自体はずっと前から知られていたが、どういうグループに入るのか分かっていなかった。

ヘミマスティゴフォラの遺伝情報を含めて系統樹を描いたところ、この生き物は現在知られている大きな真核生物グループのいずれにも入らなかったのだ。つまり、真核生物の大まかなグループ分けも、真核生物の多様性も、我々はまだ不十分にしか理解できていないことを示している。

ヘミマスティゴフォラのような「知られてはいるけど、系統樹に入っていなかった真核生物」は微生物の中にはまだまだたくさんいる。しかし、研究室内で育てられないことが多く、ゲノム情報を明らかにするにはまだまだ技術が不十分なことが多い。

クルムス（CRuMs）という生物のグループも2018年に新たに認識されたものである。これも、ある所属不明の真核微生物を解析に含めたところ、それまでに認められていたグループから区別される全く新しいグループとしての存在が浮き彫りになった。

ヘミマスティゴフォラもクルムスも、まだまだその生態は謎に包まれている部分が多い。そもそも育てることができた例が少ないので、研究例も極めて少ない。

単細胞の真核生物の世界もまた、まだまだ新しさに満ちあふれているのである。

第6章　すべての進化はノープランから

カビのように生きる

カビと聞くと、おそらく多くの皆さんはイヤ〜なイメージをもつのではないだろうか。じめじめした場所、お風呂場の目の届かないところ、うっかり出しっぱなしになっていたお餅に生えていたりするアレである。水虫の症状もカビの一種から起こるし、カビの仲間には日和見感染で健康被害がある場合もある。

カビと総称される生き物は、真菌類というキノコと同じグループになる。そして真菌類は我々ヒトを含む動物に近い仲間である。

一般にイメージがあまり良くないかもしれないカビであるが、自然界ではそこそこ「人気」がある。カビが人気者ということをここで言っているわけではなくて、カビのような「生き方」がそこそこ人気なのである。

卵菌（らんきん）という仲間がいる。真核生物で単細胞、基本的に植物や魚を中心に様々な生き物に対して病原性をもっており、人間にとってはだいぶ問題のある生き物である。

例えば1845年のアイルランドでは、この卵菌の仲間が当時の中心的農作物であったジャガイモに対して猛威を振るい、歴史に残る凶作となった。しかもその凶作が発端となり、100万人以上もの人々が命を落とした。現在でも卵菌による農業への被害は世界的にも大きく、アメリカでは年間5兆円の農作物被害があると推定されている。

この卵菌を顕微鏡で見てみると、まるでカビである。本来の単細胞らしい見た目のときもある一方で、カビが糸状に伸びていく菌糸のような見た目のときもある。

カビのようであるが、カビではない。もう一度書くが、カビとは、キノコやパン酵母、ビール酵母と同じく真菌である。真菌は動物に近い仲間である。

一方で卵菌は、コンブやワカメ、そしてこれまで何度も登場した珪藻などの光合成する生き物に近い仲間だ。よって、カビと卵菌は似て非なるものだ。実際、卵菌を〝偽菌〟と呼ぶ人もいる。卵菌からしたらいささか納得がいかない呼び名かもしれない。「いやいや、真菌こそ〝偽卵菌〟だ」と。

そもそもカビやキノコなどの真菌のイメージとはどんなものだろう。

もちろんすべての真菌がそうだというわけではないが、何か腐ったものに生えてくる（つまり腐っている、または腐りかけているものをさらに分解して養分を得る）ことが代表的な真菌のイメージかもしれない。

カビやキノコなどの真菌の仲間は、自分の細胞の外で食べ物を分解することができる。

真菌がそのための道具を細胞の外に垂れ流し、分解された食べ物を細胞の中に吸い込むのだ。

また、一部のカビやキノコなどの真菌は、稲に対して病原性をもつことが知られている。いもち病と呼ばれるこの稲の症状により、不作やお米の味の低下を引き起こす。

一方の卵菌はというと、まさに同じような生き方をしている。そのほかにもカビのような生き方をする真核生物は存在することから、このような戦略がもしかしたら有利になることもあるのかもしれない。先述のように、離れた関係にある生き物に共通する生き方を見ることができる要因のひとつに、遺伝子水平伝播がある。

遺伝子水平伝播とは、親から子に、子から孫にと設計図が伝わっていく（もちろん少しずつ変わることもある）ものとは異なり、親でも何でもない生き物から設計図の一部だけが伝わる現象である。

卵菌はカビの仲間から数十の遺伝子をもらっていて、それが植物に対して病原性をもつなど、カビのような生き方をするひとつの要因になっていると言われている。これはミトコンドリアや葉緑体のように、ある生き物がまるごと別の生き物の細胞の中に入ったわけではなく、設計図だけの移動である。つまり、その数十の遺伝子は、けっして一度にまとめて手に入れたわけではなく、長い時をかけて獲得したものである。

生き物の世界にも〝方言〟がある

このような設計図の移動により、生き物はあるとき突然、それまでもったことのない能力を得るためのきっかけを手にすることができる。まるで一攫千金のような話に聞こえるかもしれないが、所詮はきっかけにすぎない。

偶然ポテンシャルを手に入れたとしても、使いこなせなければ意味がない。具体的には、その設計図を読み取れるようにしなければいけないし、そこから能力を発揮するための道具が作れるようにならないといけない。

また、同じ言語でも方言があるように、生き物の設計図であるゲノムやそこにある遺伝子に書かれている言葉にも方言がある（専門用語で「コドンの使用頻度が異なる」と言う）。生き物によって好みの「方言」があるので、設計図の一部だけ手に入れてもうまく使いこなせない場合があるのである。完全に読みこなすには、運任せから始まる設計図の書き換えが必要である。

また、道具を作る量も好みがある。その道具だけ大量に作られても生き物自身が困るだろうし、役に立ちそうでも少なすぎれば効率が悪い。ベストでないにしても、そんなに悪くない量を作れるようになるためには、こちらも運任せから始まる調整が必要となる。

卵菌は、遺伝子水平伝播も使いつつ、カビのような生き方を手に入れた。それもひとつひとつ能力を手に入れていき、そして変化を蓄積させて使いこなし、最終的に今のような〝偽菌〟と呼ばれるまでになったのである。

一攫千金のように一瞬にして人生が変わることは、進化において存在しないのである。

スゴい進化は偶然から

テレビを見ようと思っても、家にアンテナがないと無理である。テレビの電波を受け取る何かがないとテレビに映し出すことができない。

同じように、光合成で光を使う生き物は、アンテナをもっている。テレビを見るための信号を受信するように、光合成に使うための光のエネルギーを効率よく受け取るためのアンテナである。

シアノバクテリアは、光合成して酸素を発生させる真正細菌である。すでに書いたように、このご先祖様が、23億年から24億年前に起きた大酸化イベントで酸素をばらまいた犯人である。ただ、このときに現在の酸素の量まで増えたわけではなく、まだまだ酸素が少ない時代が20億年弱は続くことになる。

ほとんどのシアノバクテリアはフィコビリソームと呼ばれる装置をもっている。これは多くの道具が複雑に、そして緻密に並べられた光受容装置、つまりアンテナである。このアンテナは、光合成の装置のひとつにくっついていて、効率よく光のエネルギーを光合成に使うことができる。

しかし、一口に光と言っても、そこには様々な波長の色が含まれている。雨上がりの虹は、普段は組み合わさっていて気付くことがない様々な色が見えるようになる現象だ。色によって性質が異なるため、環境によっては特定の色が多かったり少なかったりする。例えば、海や湖の深い場所では、光が届いてもその色は青から緑である。

シアノバクテリアには補色馴化（じゅんか）といって、赤い光を与えると細胞が青緑から濃い緑色になり、逆に青から緑色の光を与えると赤くなるものがいる。これはそれぞれの色の光をよく吸収できる色に変化させることで、光を効率よくキャッチするためである。このときの仕組みのひとつがフィコビリソームである。

フィコビリソームには2つの色付きの部品があって、ひとつは青色をしていて赤い光をキャッチしやすい。もうひとつの部品は赤い色をしていて青から緑の色をキャッチしやすい。シアノバクテリアの色が変わるときは、この部品の数のバランスが大きく変わる。赤い光を捕まえるために青い部品を増やし、青い光を捕まえるために赤い部品を増やすなど、その場の環境に合わせてうまいことやるのだ。

このフィコビリソームは十数種類の道具から成立しており、そのうちの大部分が最初はたったひとつの道具からスタートしたことが分かっている。そのため、道具の大部分がどれも似通っていて、少しずつ役割が違う。これらは設計図の同じ項目がたまたま複数できて、それぞれに変化が蓄積して、似ているものの別の働きをする道具が作られるようになったのだ。小さな変化の積み重ねを続けた結果である。

有利な変化もあっただろうし、有利でも不利でもない変化もあっただろう。もちろんうまく道具が作れなくなるなどの起きてはいけない変化もあっただろう。そんなときには、その設計図をもつものは生き残れないため、子孫に伝わらなかった。結果として、いろんな色の光をキャッチできる装置になったのだろう。

ちなみに、ノリの仲間の紅藻類や灰色藻類という仲間も、フィコビリソームを葉緑体の中にもつ一方で、同じ祖先から進化した陸上植物や、その他の様々な光合成する真核生物は、フィコビリソームをもっていない。光合成する真核生物の多くは、もっとシンプルな光捕集タンパク質というアンテナを葉緑体の中で使っている。もちろん生き物によっても、葉緑体の中のアンテナがついている場所によっても、形や役割が少しずつ異なる。これも、もともとは1種類だったものから進化して多様になったのだ。

衣装替えをする寄生虫

光をキャッチする。言葉にすればただそれだけであるが、そのために光合成する生き物は多様な装置を作り、それらを制御することで光を有効利用してきた。そしてその装置ができたのも、すべて世代を超えた変化の積み重ねである。

もうひとつ似たような話を紹介しよう。ランブル鞭毛虫（*Giardia intestinalis*）と呼ばれる下痢性症状の原因生物がいる。この生き物は酸素を必要とせず、ミトコンドリアも酸素を使ってエネルギーを得るようなものではない。第5章で紹介したアーケゾアの一員だった生き物である。

この生き物を最初に観察したのは、第1章でも登場したレーウェンフックだと言われている。彼は自身の排泄物の一部を自身の作った顕微鏡で観察するという、ちょっと変わった行為を行った。しかしこの行動が、ランブル鞭毛虫の最初の観察につながったのだ。「ちょっと変わっている」をあまりバカにしてはいけない。

ランブル鞭毛虫は単細胞の生き物だが、ヒトや家畜の腸内に感染する戦略に長けている。ヒトは病原体などから侵入を受けると、それを排除しようと様々な仕組みが働く。それを免疫と呼んだり、排除しようとして作られる道具を抗体などと呼んだりする。

ランブル鞭毛虫も例にもれず、侵入した動物の体内で攻撃を受けることになる。しかし、この単細胞の真核生物は攻撃をかわすために衣装替えを頻繁に行っていることが知られている。まるで芸能人が街を歩くときに見つからないようにするための変装のようである。

ここで衣装とか変装とか呼んだものの正体は、VSPと呼ばれる道具（タンパク質）である。これがランブル鞭毛虫の細胞を覆っている衣装のようなものである。VSPと総称される道具はひとつではない。実に数百種類のVSPがひとつのランブル鞭毛虫には存在する。

これらのVSPは同じものがたくさんあるのではなく、それぞれ少しずつ異なる。最初はひとつだったであろうVSPを作るための設計図の項目が、書き写し間違いなどで数が増え、それらがまたさらに少しずつ書き間違えられ、それぞれが異なるVSPを作るための項目になったのだ。

この数百種類のＶＳＰのうち、ランブル鞭毛虫がまとうのは基本的に限られた種類のＶＳＰだと言われている。あるＶＳＰをまとっていたランブル鞭毛虫が何回か分裂すると、今度は異なるＶＳＰに交換し始めるようにできているらしい。

そうすると、我々の体は、いったい何をまとった病原生物が侵入しているのか特定できない。衣装であるＶＳＰが次々に変わっていくからだ。

こんなよくできた進化も、結果的にあたかも特定の目的に合致したものに進化するように見えるかもしれない。そこに我々は感情をこめて「有利だからそうしよう」としてなったと考えがちである。しかし、すべては偶然の変化から始まっている。その変化が有利な場合だけでなく、時には多少不利でも偶然子孫に受け継がれていくものもある。結果として、今の地球上の多様性があるのだ。

細胞から武器を発射する

あるコーヒーチェーンに立ち寄ると、大抵の場合その多彩なメニューに驚かされる。メニューを見てもそうだし、レジ上のおすすめを見てもそうだ。トッピングも含めれば何通りあるか分からない。レジの向こうでお店のスタッフさんが注文されたものを復唱しているが、もはや呪文である。

そしていつもこう思うのだ。「このお店で売っている飲み物は本当に同じジャンルの飲み物なのか?」と。もちろん、そのくらい多様なニーズに応えていてすごい、という意味である。

これまで真核生物、特に目に見えないくらい小さい微生物である単細胞の真核生物を中心に話を進めてきた。最初の方で、「真核生物っていうのは核があって……」などと知ったような口ぶりで説明を加えていたが、正直そんなにシンプルでざっくりしたものではない。同じジャンルですか?と思うくらい、その細胞の中身は多様である。

もちろん核はあるのだが、他にもありとあらゆる「トッピング」があるのだ。真核生物の細胞の中を一度覗くと、そこには言葉では言い表せない多様性が詰まっている。そのトッピングの一つに、「武器」がある。

先述したマラリア原虫は、ゾウリムシの仲間に近いマラリア熱の原因生物で、我々人間やその他の動物の細胞に感染して、場合によっては死に至らしめる病原生物である。マラリア原虫のご先祖様は光合成をして生きていたが、今や人間に感染することなしには次世代に命をつなげられないようになっている。

さて、このマラリア原虫の細胞の中を見てみると、そこにあるのは核やミトコンドリアだけではないことが分かる。光合成をやめてしまった葉緑体もあるし、細胞の先っぽの方で何やら物々しく出撃のタイミングを待ち構えている小部屋もある。

この出撃のタイミングを待っている小部屋はロプトリーと呼ばれる、他の生き物の細胞の中に侵入するための装置である。ロプトリーの働きはまだ完全に分かっているわけではないが、例えばマラリア原虫はこのロプトリーの中の道具を発射し、ヒトやその他の動物の細胞に打ち込む。そしてその細胞の膜を道具で操りつつ、最終的にマラリア原虫は寄生相手の膜につつまれた形で細胞の中に侵入する。

このロプトリーという小部屋は、細胞内で消化を担うリソソームに似たものから進化したのではないかと言う研究者もいる。ちなみにリソソームは、ミトコンドリアと同様に真核生物全体で広く見られる小部屋である。

細胞の中から外に何かを発射するという能力は、他の生き物の細胞にも見られる。あるものは小型ミサイルか魚雷のような物体を細胞の中から発射し、餌となる生き物を攻撃する。これは比喩ではない。その見た目はまさにミサイルである。

ちなみにこの武器の持ち主は、単細胞の真核生物である渦鞭毛藻類という生き物の一種で、彼らは光合成をやめ、モノを食べて生きている。食べる相手は、光合成する単細胞の真核生物である。

一方で、食べられる側の真核生物も黙ってはいない。ミサイルを回避するためなのか具体的な理由はわからないが、こちらも射出装置をもっている。たくさんの槍のようなものを放出する種も存在する。

植物に近い緑藻類の中には、このように防御のための（と言われる）射出装置をもつものがいる。例えばピラミモナスと呼ばれる生き物の仲間はまさにそうだ。彼らと離れた関係にあるクリプト藻類やゾウリムシの仲間にも、槍のようなものを発射する装置がある。

侵入する、攻撃する、防御する、様々な用途に使われるものが真核生物の単細胞の中に秘密兵器のように格納されている。これらの装置が格納されている袋自体は、おそらく先述したようなリソソームが起源ではないかという話があるが、発射されるものの材料は起源がバラバラであることが分かっている。

さて、これまで多様な細胞内の装置を紹介してきた。当然これらも、目的をもって進化したものではない。

あるコーヒーチェーンの多彩なメニューの多くは、多様なニーズに応えるという目的が先にあってできたものだろう。しかし自然界では、そのようにはならない。なぜなら、彼らは、進化しようとか多様化しようとか微塵も考えていないからである。

性がある単細胞

我々人間には性別がある。肉体的な性別だろうと、心の性別だろうと、どのように区分されるかはさておき、性別がとりあえず複数あることは間違いない。

そして性があるということは、我々の人生に彩りを与え、時に涙し、時に絶望し、そして笑うことの助けになっている（かもしれない）。

性という言葉を、必ずしも見た目などの違いを指す際に用いるつもりはない。ここでは、「性がある」ということを、設計図の一部を交換できるという意味に使うことにする。見た目や心に性別があるヒトの場合も、同様である。

ヒトは母親と父親の両方から受け継いだ設計図をもっている。いわばかなり似ているけど、少し違う2冊の設計図があると思ってくれればいい。子にその設計図を伝えるときには、2冊もっている設計図を1冊だけ渡す。だから、あなたの子供は、あなた由来の設計図とあなたのパートナー由来の設計図を2冊もつことになる。

ここで設計図に面白いことが起こる。単純に1冊を渡すだけではなく、2冊の設計図の一部を少し交換してから1冊だけ渡すのだ。あなたの父親由来か母親由来かの設計図のどちらかを、そのまま自分の子に伝えるのではなく、あなたの両親の設計図を部分的に交じり合わせて伝えるのである。

このように渡すための1冊の設計図を作ることを減数分裂と呼び、また設計図を部分的に交換することを相同組み換えと呼ぶ。かなりざっくり説明するとそういうことになる。

同じように他の動物にも性がある。そしてもちろん植物にもおしべやめしべ、雄花や雌花など、性がある。このあたりは多くの人が知っている事実だろう。

「動物や魚、昆虫、植物などの多細胞の生き物では性があることが一般的だが、単細胞の生き物には性なんてないだろう」

こんなふうに考えている方がいたら、それは誤解である。一寸の虫にも五分の魂あり、

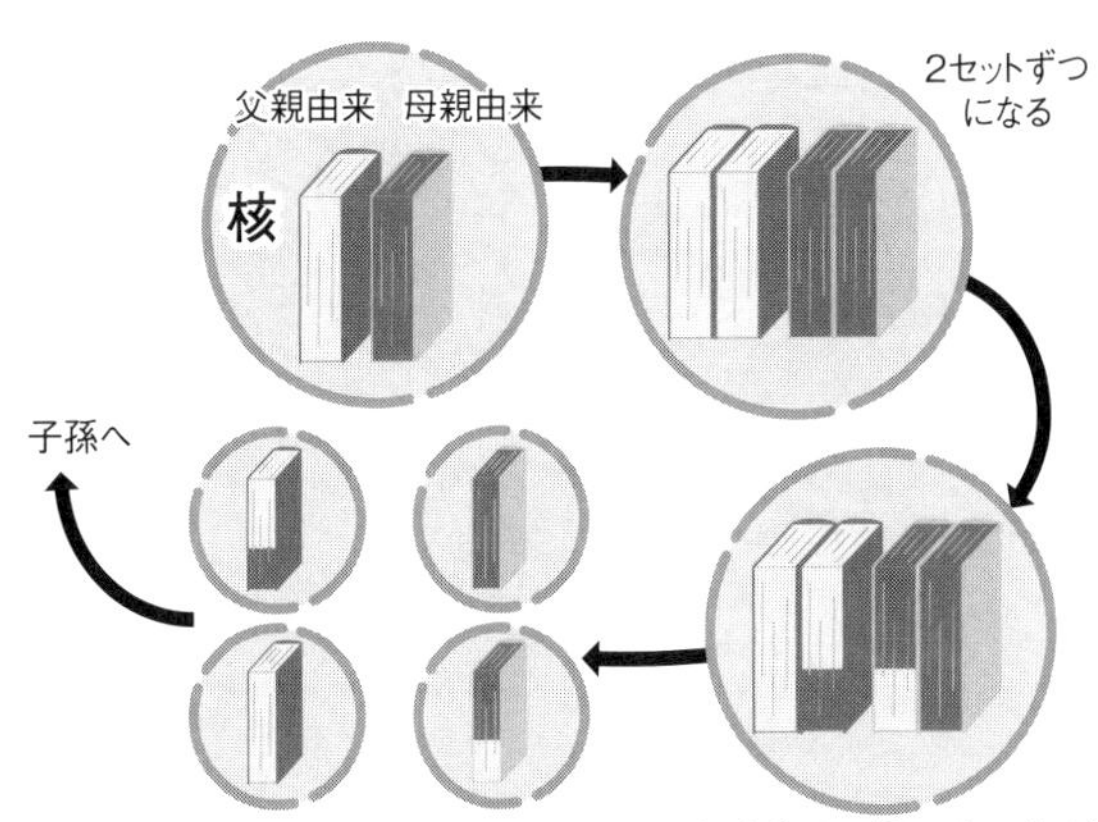

図表5　性によって遺伝情報が伝わる仕組み

ではないが、単細胞の生き物にも性あり、である。バカにしてはいけない。

単細胞の真核生物にも性はあるという認識が受け入れられるようになった背景には、ここ最近になってようやく見つかってきた研究例の貢献がある。

例えばアフリカで問題になっている眠り病という風土病がある。これは治療を行わないと最終的に昏睡状態を経て死に至る病気である。この原因生物である単細胞真核生物のトリパノソーマ・ブルセイ(*Trypanosoma brucei*)は、2010年以降にようやく減数分裂などの現象が報告された。

この生き物はヒトの体内に入り込んで、性を使わずに分裂して増える。興味深いのはここからだ。

感染しているヒトがツェツェバエという吸血性のハエに血を吸われると、これまで性を使うことがなかったトリパノソーマ・ブルセイは、このハエに取り込まれてしばらくすると性が発動するのだ。

そうして設計図の部分的な交換などで内容が少し変化したあと、ツェツェバエは再び別のヒトの血を吸い、トリパノソーマ・ブルセイはそのヒトの体内に侵入していく。

こうすることで、偶然の書き間違いに加え、さらに設計図の部分的な交換によっても子孫に少しずつ違う設計図を伝えることができる。すると仮にヒトが彼らをやっつける仕組みを手に入れたとしても、みんな少しずつ変わっているので、生き残れる確率が上がるのだ。さらには、ちょっと変わっている子孫の中から、別の動物に感染できる能力をもったものも生まれるかもしれない。

この生き物は病気の原因であることもあり、かなり盛んに研究されてきた単細胞の真核生物のひとつである。にもかかわらず、発見から100年以上も性がはっきりと見つかることがなかった。

ここ10年の間に、生命の設計図であるゲノムが様々な単細胞の真核生物でも（まだまだ全然足りないが）解読されるようになったため、性の証拠が集まってきた。設計図を1冊に減らしたり精子と卵子が融合したりする際に、細胞が使う道具やその道具を作るための設計図の項目が彼らからも見つかったのである。

例えばそんな性をつかさどる道具のひとつに、Ｓｐｏ11と呼ばれるものがある。これは様々な単細胞の真核生物に見つかり、これまでも性の存在を示す証拠として扱われてきた。下痢症状の原因となるランブル鞭毛虫にもＳｐｏ11はあり、実際設計図には減数分裂と設計図の部分的な交換の証拠が見つかっている。単細胞の生き物にも、性のためのツールキットが存在するのだ。

このＳｐｏ11という道具は、性とは違う役割をもった道具から進化したことが分かっている。これはもともと細胞分裂の際、設計図を書き写すときに使われる道具だった。

この書き写しに使われる道具がいつから受け継がれているのかというと、真核生物になる前であり、ミトコンドリアを手に入れる前。そう、まだ古細菌だったときからだ。

もちろんＳｐｏ11という道具の項目になる前には、偶然の書き間違いによる変化が蓄積されている。そしてその変化のうちの一部が、たまたま性に関わる能力を付加するものであり、それが子孫にも受け継がれたということである。

ここから分かることは、真核生物にも極めて初期のころから、偶然の変化を発端として誕生した性が存在したということである。比較的最近になって誕生した、体のつくりが複雑な生き物だけが、性という仕組みをもつわけではない。

生き物の多様性を生み出す仕組みとしての性は、単細胞の生き物にも存在し、偶然の書き間違いや交換により、その設計図を多様化させてきたのである。

壮大な微生物たちのループ

地球上で、多くの物質はぐるぐると回っている。あるときには動物の体の中で、そしてあるときには植物の中で、そして時にはどの生き物にも使われずに環境中で漂っている。このような物質は、食べる―食べられるという関係を通じて、半永久的に多様な生き物の間を循環し続ける。

多くの方が食物連鎖という言葉を聞いたことがあるだろう。この現象は、つまりそういうことである。

この循環は、陸でも海でも起こるが、若干主役が違う。もちろん陸は動物で海は魚、というレベルではない。もっと小さなレベルで大きく異なるのだ。

ここまでで光合成という言葉を何度も使ってきた。地球の表面では、基本的にすべての物質循環の始まりは光合成になる。陸では陸上植物が完全なる主役だ。そして海の中では、多種多様な光合成する微生物がその始まりとなる。

海の中では光合成する微生物はひとつの仲間ではない。例えば海の中での光合成は、20%強が真正細菌であるシアノバクテリアによって、また40%が珪藻類というガラスの殻をもつ微細な単細胞の真核生物によって行われると言われている。そしてその他もろもろの目に見えない生き物たちが、光合成を行っている。

光合成では二酸化炭素を使って糖が作られており、陸と海でつくられる糖の量はほぼ同じ程度と言われている。若干陸の方が多く見積もられているが、どちらも年間50ギガトンの炭素が光合成で糖などに変換されている。

これだけでは驚くことではないが、実際に光合成を行っている生き物の量を見てみると海のすごさが分かる。繰り返すが、陸では陸上植物という目に見える生き物が光合成をし、海の中では目に見えない微生物が光合成の主役である。

これを数ではなく重さだけで比べてみると、実に陸上の光合成する生き物全体の数百分の一程度しか海の中には光合成する生き物がいない。にもかかわらず同じくらい二酸化炭素から糖などを作るのだから、微生物の力は侮れない。

これらの海の光合成する微生物は、陸上植物と同じように、生き物を支える食物連鎖の始まりとなる。一般には多くの人が、光合成する小さな生き物を動物プランクトンが食べ、増えた動物プランクトンを魚などが食べ、より大型の魚や水棲動物が食べ、死ぬと微生物に分解されて、一部の栄養が再び光合成する生き物に使われて……という輪っかをイメージするかもしれない。

しかし、そうではない。実際はもっと複雑である。

光合成を行った微生物は、まず様々な生き物によって殺されたり利用されたりする。もちろんその中には、直接食べる動物プランクトンもいるが、それがすべてではない。多くは、ウイルスによって細胞を壊され、その際に漏れ出た養分が別の微生物、特に光合成しない真正細菌によって利用される。光合成しない真正細菌は、光合成によって作られた糖などを利用して増える。

光合成によって支えられるのは、別の微生物たちなのだ。そして光合成しない真正細菌もまたウイルスによってその細胞を壊され、また別の光合成しない真正細菌が養分を利用して増える。光合成しない微生物と微生物に感染するウイルスによって、物質はシンプル

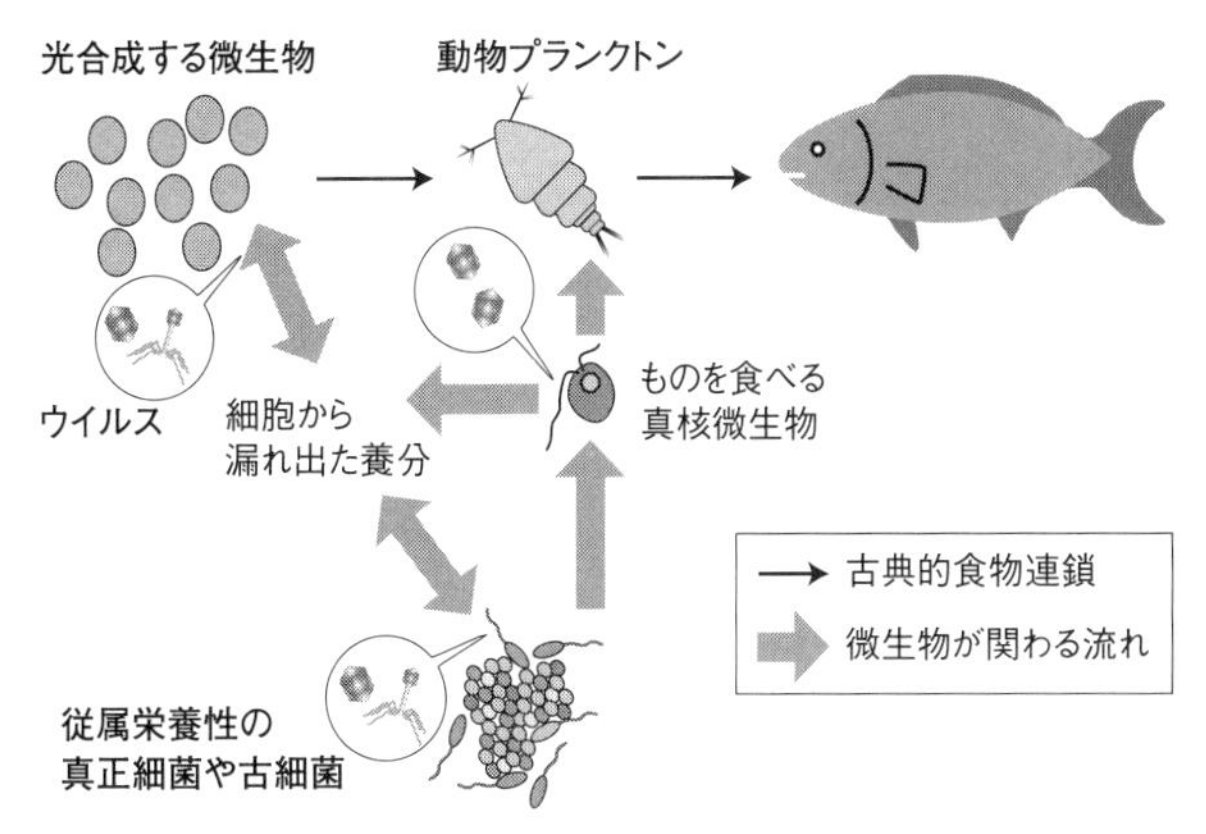

図表6　微生物ループと古典的食物連鎖

に魚や水棲動物に行くことなく、ループのようにぐるぐると回る。

光合成しない真正細菌は、ウイルスだけではなく、モノを食べる単細胞の真核生物に食べられるものもいる。第4章で出てきたパーフェクト・ビーストは光合成をしつつも真正細菌を食べるので、この役割を担う。

彼らもまたウイルスに壊されることもあるし、動物プランクトンに食べられることもある。そうして動物プランクトンまで行きついて、ようやく光合成によってできた糖などが、魚などのなじみある生き物に届くのだ。

このような複雑かつループ状のやりとりは、微生物ループやウイルスシャントと呼ばれている。そしてもちろん、いったいどの生き物やウイルスが具体的にどのくらいの数で、このプロセスに関与しているのか分かっていない。

生き物の定義はまだ分からない

コロナ禍において、ウイルスのイメージというのはある程度広がっているだろう。ウイルスとはざっくり言って、バイ菌よりもずっと小さく、研究者が普段使用するような普通の顕微鏡でも見えない。そしてゲノムはもっているが、自分で増えることができず、他の生き物に感染して、その生き物に増やしてもらうという性質をもっている。

ゲノムという設計図はもっているが、そこに書かれている個々の道具を作る能力はない。それらを感染相手に作らせ、それによって初めてウイルスは増えていく。

ウイルスに感染するのは、ヒトだけでもないし、その他の動物だけでも植物だけでもない。微生物にも感染するのだ。ウイルスに感染するウイルスなんかも見つかってきている。もちろんその全体像は、まだまだ分かっていないことだらけである。

単細胞の真核微生物に感染するウイルスの中に、我々のもつウイルス観から外れた、ジャイアント・ウイルスと呼ばれるものがいる。ようは、デカいのだ。インフルエンザウイルスの5から10倍もある。そして何より、このウイルスのもつゲノムはとても項目数（遺伝子）が多い。中には、設計図の大きさがほぼ真正細菌のもつ設計図と同じくらいの大きさのものまでいる。

その一方で、我々動物をはじめとした真核生物、真正細菌、古細菌と同じように「ウイルスが生き物であるかどうか」はまだ結論が出ていない問題である。

我々の世界観では、まだ生き物の定義すら定まっていないのだ。

大きすぎて見えないウイルスのミステリー

ジャイアント・ウイルスの存在が分かってきたのは2000年代に入ってからのことである。というのも、従来のウイルスの捕まえ方では、ウイルスの粒子が大きすぎて捕まえられなかったのだ。

これまでは真正細菌などの微生物が通ることができない網を通り抜けたものが、ウイルスとされてきた。従来の考え方では、ウイルスとはものすごく小さなものであるからだ。

しかし、その大きさゆえにその網を通り抜けられなかったジャイアント・ウイルスは、なかなか見つからなかったのである。大きすぎて気付かない、とはなかなか含蓄のある現象である。

このジャイアント・ウイルスがもつ設計図は、項目が多いことで有名であるが、もう一つ他のウイルスにはない特徴がある。それは、単細胞の真核生物と似た項目が多いという点だ。

果たして、この項目の意味するところは何なのだろう。偶然をきっかけに飛び込んできた設計図の切れ端をもち続けているだけだろうか。それとも逆に単細胞の真核生物のもつ設計図の項目が元々ウイルス由来のものだったのだろうか。その答えはまだまだ出てこないだろう。

彼らに聞いても答えは返ってこないし、そもそも彼らも知らない。もち続けるにしろ、捨てさるにしろ、それは結果論だからだ。目的があって行うことではないからである。目に見えない生き物は、普段気にも留めることがない。気に留めなくても日常生活は進んでいくからだ。知らないままでも問題ないことが多い。一方で知ってしまうと、目に見えない世界に引きずり込まれてもっと知りたくなる。

この目に見えない世界をもっと目に見えるようにしようと顕微鏡が改良され、目に見えるくらいまで育てる技術が開発され、そしてゲノムという設計図から生き物としての情報を文字に書き起こすことができるような技術が生み出されてきた。しかしまだまだ見えないものばかりだし、何が見えていないかもまだ完全には分からない。

微生物をはじめ、すべての生き物は変化を続け、進化し、そして多様な生き方を我々に見せてくれる。その世界は、まだ我々もすべてを見ることができていないが、少なくともアイデアや目的が先立ってできたものではない。

偶然の変化からスタートするという、ある種の〝ノープラン戦略〟で生まれた世界なのである。

あとがき

　これを書いているのは、東京を中心とした1都3県、福岡県と筆者の暮らす関西3県への緊急事態宣言が出されて数週間後の、「やっぱり緊急事態宣言を延長します」、という時期である。SARSコロナウイルス2（以下新型コロナウイルス）によるCOVID-19パンデミックが日本でも生じてから、ほぼ一年となる。

　本書の企画は、筆者が一通のメールを受け取ったことから始まった。その時はクロアチアで開催された学会に出席しており、筆者は世界中の研究者とともに未発表のデータを携えて集まっていたわけである。その前にはイタリアでの学会に出席し、クロアチアの後にはすぐにフランスでの学会が控えているという、なかなかのハードスケジュールであった。

　そんなある日、学会会場からホテルに戻ると、知らないアドレスから「本書きませんか?」のメールが届いていた。正直、新手の詐欺かとかなり疑ったが、アドレスの末尾には知っている会社の名前があった。まあ騙されてみるかと思い、「前向きに考えます」と返事をした。

企画が実際に通ってから執筆開始となり、少し書き始めたあたりでコロナ禍は始まった。普段は大学での業務があるので、この手の書き物をする際には休日の空き時間に喫茶店に行って書いたり、深夜に執筆したりしていた。コロナ禍でなかなか喫茶店に長居するのも難しく（注：換気に気を付けている店だったので冷え性の筆者にはつらかった）、体調を崩さないように生活した方がいいことを考えると、あまり深夜に仕事を詰められない。時間を作るのに苦慮して進め、周囲の方々の協力もあり、なんとか形にすることができた。

さてこの新型コロナウイルスは、日本に侵入してからも、～型などと呼ばれる「それまでとはちょっと変わったタイプ」が出ていた。さらに、2020年末にはイギリスや南アフリカで従来型よりも感染力が強い変異型が出てきた。2021年に入ると、ブラジル由来の別タイプの変異型が報告された。

ここまで読んでいただいた方にはもうお分かりだと思う。

本文で何度も書いてきたように、偶然の書き間違いからスタートする変化の積み重ねがこのウイルスでも起きている、ということである。新型コロナウイルスだけでなく、このような変異が生じるという現象はすべてのウイルス、そして生き物で起きている。

第1章から第6章まで、単細胞の生き物の織り成す「へんな」生き方をかいつまんで紹介させていただいた。

彼らを「へん」と思っただろうか。それとも一周回って「なんだ、みんなへんじゃん」と思われただろうか。後者であれば狙い通りでうれしい限りである。

単細胞であろうと、多細胞であろうと、共通のご先祖様から同じ時間進化し続けてきた結果の姿なのだ。彼らをへんだと言うのであれば、生きているものはすべて「へん」である。単細胞から見れば我々はへんかもしれない。皆違うからこその多様性であるし、その多様性があるからこそ生命が途切れることなく続いてきたわけである。

その一方で、生き物の一側面しか紹介していない、けしからん、という声が聞こえてきそうである。おっしゃる通り、としか答えようがない。紙面の都合上、などと言い訳できないくらい、筆者が知っていることだけを並べさせていただいた。

同様のお叱りは、「設計図の偶然の写し間違い」など、専門用語をできるだけ簡単にイメージしてもらおうとした言葉遣いの数々にもいただくことが容易に予想できる。乱暴すぎるだろうと自分でも思うし、それはそれで誤解を招くのではないかという危惧もある。より広範囲に、より詳細に、そしてより正確に書こうとすればするほど、それはそれで極めて専門的な文章にならざるを得ず、結果的に読みやすい文章から乖離してしまったため、何度も書きなおした結果が今回の内容である。

このように、内容にしろ言葉選びにしろ、かなりざっくりと詳細を省きつつ執筆をした。筆者があえて書いていないことも、筆者が知らない事実もある。実際には、生き物の世界はもっと深いし、もっと広い。ここに書かれていることだけが単細胞の真核生物やそれらに関わる微生物のすべてではないことは強く主張しておきたい。

むしろ、本書をきっかけにして生き物の面白さに興味を持っていただけたのなら、ぜひ一歩進んで少し専門的な書籍に手を伸ばしていただくことで、より生き物の面白さや奥深さに触れることができるはずだ。

最後に、この本を書くにあたり、本当に様々な方々にお世話になったことを感謝したい。まず、筆の遅い筆者に許す限りの時間を与えてくださるとともに、読者の方への伝わりやすさを第一に、丁寧な編集を加えていただいた大坂温子氏に感謝申し上げる。

また、この本の内容は、決して一人で学んだものではなく、単細胞の真核生物を研究する上で様々な先生方からご指導いただくことで得た知識によるところが大きい。特に京都大学農学研究科の左子芳彦名誉教授には筆者が22歳のころから現在までお世話になりっぱなしである。京都大学農学研究科の吉田天士教授からは海洋微生物生態とウイルス生態について現在もご指導いただいている。京都大学大学院人間・環境学研究科の宮下英明教授にはシアノバクテリアや光合成について教えていただいている。

そして筑波大学の稲垣祐司教授および橋本哲男教授には研究員時代からずっとかわいがっていただいているし、真核生物の進化について今もご指導いただいている。

留学先のダルハウジー大学のアンドリュー・ロジャー教授およびジョン・アーチボルト教授とは今もたまに連絡を取り合い、愚痴を言い合っている。もちろんそれだけでなく共同研究をしたり、その中でオルガネラ進化についてご指導いただいたりしている。

筆者が学部4回生のとき研究のいろはを教えていただいた滋賀県立大学の田辺祥子先生や水産研究・教育機構の長井敏博士には感謝してもしきれない。そして昨年度まで研究員として筆者とともに数年間研究してくれた野村真未博士には今回ポーリネラとハテナの貴重な写真を提供していただいた。

先に挙げた方々に加えて、ここには書ききれない数多くの共同研究者の先生方から多様な微生物の世界を教えていただいた。そんな目に見えない世界で嬉々として研究や勉強を続ける筆者を白い目で見ることなく（実際は見ているかもしれないが）、見守ってくれた友人、そして何より本書の執筆を支えてくれた家族に感謝したい。

参考文献

第1章

中村桂子・松原謙一監訳『Essential　細胞生物学　原書第4版』南江堂
日本進化学会編『進化学事典』共立出版
更科功『進化論はいかに進化したか』新潮選書
根井正利著・監訳・改訂、鈴木善幸・野澤昌文訳『突然変異主導進化論』丸善出版
Clifford Dobell. 天児和暢訳『レーベンフックの手紙』九州大学出版会
Sina M. Adl *et al. Journal of Eukaryotic Microbiology*. 66, 4-119（2019）
Eva Bianconi *et al. Annals of Human Biology*. 40, 463-471（2013）
Fabien Burki *et al. Trends in Ecology & Evolution*. 35, 43-55（2020）
Ford W. Doolittle. *Current Biology*. 30, R177-R179（2020）
Laura Eme *et al. Nature Reviews Microbiology*. 15, 711-723（2017）
Laura Eme and Ford W. Doolittle. *Current Biology*. 25, R851-R855（2015）
Howard Gest. *Notes And Records the Royal Society of London*. 58, 187-201（2004）
Ulrich Kutschera. *Nature Microbiology*. 1, 16114（2016）
Ulrich Kutschera. *Philosophical Transactions of the Royal Society B* 11, e1199315（2016）
James A. Lake. *Philosophical Transactions of the Royal Society B* 370, 2014. 0321（2015）
Lukjancenko *et al. Microbial Ecology* 60, 708-720（2010）

Elizabeth Pennisi. *Science* 365, 631（2019）
Jan Sapp. *Microbiology and Molecular Biology Reviews*. 2, 292-305（2005）
Robert H. Whittaker. *Science* 163, 150-160（1969）
Sibo Wang *et al. Nature Plants* 6, 95-106（2020）

第2章

長谷部光泰監修『進化の謎をゲノムで解く』学研メディカル秀潤社
井上勲『藻類30億年の自然史　第2版』東海大学出版会
植村誠次「マメ科以外の根粒植物について」『化学と生物』3, 471-476（1965）
Shady A. Amin *et al. Nature* 522, 98-101（2015）
Taghreed Alsufyani *et al. Journal of Experimental Botany*. 71, 3340-3349（2020）
Grzegorz Bełżecki *et al. FEMS Microbiology Letters*. 363, fnv233（2016）
Hannah A. Bullock *et al. Frontiers in Microbiology*. 8, 637（2017）
Allyson L. Byrd *et al. Nature Reviews Microbiology*. 16, 143-155（2018）
Mark J. Calcott *et al. Chemical Society Reviews*. 47, 1730（2018）
Javier del Campo *et al. ISME Journal*. 11, 296-299（2017）
Javier del Campo *et al. Functional Ecology*. 34, 2045-2054（2020）
Brigitte Dréno *et al. Journal of European Academy of Dermatology and Venereology* 32, 5-14（2018）
Maoz Fine and Yossi Loya. *Proceedings of the Royal Society of London B* 269, 1205-1210（2002）

Perry W. Gilbert. *Ecology* 23, 215-227 (1942)
Fatma Gomaa *et al. Protist* 165, 161-176 (2014)
Isai S. González *et al. Science* (in press)
Mayuko Hamada *et al. eLife* 7, e35122 (2018)
Jan-Hendrik Hehemann *et al. Nature* 464, 908-912 (2010)
Kei Hiruma *et al. Current Opinion in Plant Biology*. 44, 145-154 (2018)
Katsura Igai *et al. Scientific Reports*. 6, 31942 (2016)
Mohammad M. Islam *et al. Frontiers in Microbiology*. 10:2412 (2019)
Peter H. Janssen and Marek Kirs. *Applied and Environment Microbiology*. 74, 3619-3625 (2008)
Ian Joint *et al. Philosophical Transactions of the Royal Society B* 362, 1223-1233 (2007)
Ralf W. Kessler *et al. Molecular Ecology*. 27, 1808-1819 (2018)
Luisa Lanfranco *et al. New Phytologist*. 220, 1031-1046 (2018)
Anders E. Lind *et al. ISME Journal*. 12, 2655-2667 (2018)
Seung Y. Moon-van der Staay *et al. European Journal of Protistology*. 50, 166-173 (2014)
Takuro Nakayama *et al. Proceedings of the National Academy of Sciences of the United States of America* 111, 11407-11412 (2014)
Charles J. Newbold *et al. Frontiers in Microbiology*. 6, 1313 (2015)
Irene L. G. Newton and Danny W. Rice. *J. Bacteriol*. 202, e00589-19 (2020)
Alan M. O'Neill and Richard L. Gallo. *Microbiome* 6, 177 (2018)

Octavio A. Castelan-Ortega *et al.* *Animals* 10, 227（2020）
Mathieu Pernice *et al.* *ISME Journal.* 14, 325-334（2020）
Mark Pimentel *et al.* *American Journal of Gastroenterology.* 1, 28-33（2012）
Albane Ruaud *et al.* *mBio* 11, e03235-19（2020）
Barry Scott *et al.* *Current Opinion in Plant Biology.* 44, 32-38（2018）
Rekha Seshadri *et al.* *Nature Biotechnology.* 36, 359-367（2018）
Mohammad R. Seyedsayamdost *et al.* *Nature Chemistry.* 3, 331-335（2011）
Justin R. Seymour *et al.* *Nature Microbiology.* 2, 17065（2017）
Toby Spribille. *Current Opinion in Plant Biology.* 44, 57-63（2018）
Helena M. van Tol *et al.* *ISME Journal.* 11, 31-42（2017）
Peter Vd'ačný *et al.* *Scientific Reports.* 8, 17749（2018）
Heroen Verbruggen and Aline Tribollet. *Current Biology.* 21, R876-R877（2011）
Thomas Wichard *et al.* *Frontiers in Plant Science.* 6, 72（2015）

第3章

川上紳一『全地球凍結』集英社新書
根井正利著・監訳・改訂、鈴木善幸・野澤昌文訳『突然変異主導進化論』丸善出版
嶋田敬三・高市真一編『光合成細菌』裳華房
John M. Archibald. *Proceedings of the National Academy of Sciences of the United States of America*

112, 10147-10153 (2015)
Virginia E. Armbrust. *Nature* 459, 185-192 (2009)
Andrew H. Baird *et al. Trends in Ecology & Evolution.* 24, 16-20 (2009)
Anne-Sophie Benoiston *et al. Philosophical Transactions of the Royal Society B* 372, 20160397 (2017)
Robert A. Berner *et al. Annual Review of Earth and Planetary Sciences.* 31, 105-134 (2003)
Robert A. Berner *et al. Science* 316, 557-558 (2007)
Nigel J. F. Blamey *et al. Geology* 44, 651-654 (2016)
Celine Brochier-Armanet *et al. Molcular Biology and Evolution.* 26, 285-297 (2009)
Jochen J. Brocks *et al. Nature* 548, 578-581 (2017)
Gregor Christa *et al. Philosophical Transactions of the Royal Society B* 281, 20132493 (2014)
Andrea D. Cortona *et al. Proceedings of the National Academy of Sciences of the United States of America* 117, 2551-2559 (2020)
Yannick Donnadieu *et al. Nature* 428, 303-306 (2004)
Mauro D. Esposti *et al. Frontiers in Microbiology.* 10:499 (2019)
Paul G. Falkowski *et al. Science* 281, 200-206 (1998)
Paul G. Falkowski and Matthew J. Oliver. *Nature Reviews Microbiology.* 5, 813-819 (2007)
Christopher B. Field *et al. Science* 281, 237-240 (1998)
Woodward W. Fischer *et al. Annual Review of Earth and Planetary Sciences.* 44, 647-683 (2016)
Pedro Flombauma *et al. Proceedings of the National Academy of Sciences of the United States of*

America 110, 9824-9829（2013）
Samantha J. Gibbs *et al. Science Advances*. 6, eabc9123（2020）
Jagoda Jabłońska and Dan S. Tawfik. *Free Radical Biology and Medicine*. 140, 84-92（2019）
Francois Jacob. *Science* 196, 1161-1166（1977）
Robert E. Kopp *et al. Proceedings of the National Academy of Sciences of the United States of America* 102, 1 1131-11136（2005）
Anthony W.D. Larkum *et al. Photosynthetica* 56, 11-43（2018）
Timothy W. Lyons *et al. Nature* 506, 307-315（2014）
Taro Maeda *et al. PLoS ONE 7,* e42024（2012）
Daniel B. Millsa *et al. Proceedings of the National Academy of Sciences of the United States of America* 111, 4168-4172（2014）
Jennifer L. Morris *et al. Proceedings of the National Academy of Sciences of the United States of America* 115, E2274-E2283（2018）
Mami Nomura *et al. Protist* 171, 125714（2020）
Noriko Okamoto and Isao Inouye. *Science* 310, 287（2005）
Karen N. Pelletreau *et al. Plant Physiology*. 155, 1561-1565（2011）
Patrick M. Shih *et al. Geobiology* 15, 19-29（2017）
Filipa L. Sousa *et al. Genome Biology and Evolution*. 5, 200-216（2013）
Shunichi Takahashi *et al. Proceedings of the National Academy of Sciences of the United States of*

America 106, 3237-3242（2009）
Angela H. A. M. van Hoek *et al. Molcular Biology and Evolution*. 17, 251-258（2000）
Niels W. L. Van Steenkiste *et al. Science Advances*. 5, eaaw4337（2019）
Lewis M. Ward *et al. Astrobiology* 19, 811-824（2019）
Jessica H. Whiteside and Kliti Grice. *Annual Review of Earth and Planetary Sciences*. 44, 581-612（2016）
Grant M. Young. *Geoscience Frontiers*. 4, 247-261（2013）

第4章

根井正利著・監訳・改訂、鈴木善幸・野澤昌文訳『突然変異主導進化論』丸善出版
Ruth Anderson *et al. Frontiers in Microbiology*. 9, 1704（2018）
Todd J. Barkman *et al. Proceedings of the National Academy of Sciences of the United States of America* 101, 787-792（2004）
JoAnn M. Burkholder *et al. Harmful Algae* 8, 77-93（2008）
John A. Burns *et al. Genome Biology and Evolution*. 7, 3047-3061（2015）
David A. Caron *et al. Nature Reviews Microbiology*. 15, 6-20（2017）
Charles C. Davis *et al. Science* 315, 1812（2007）
Jan de Vries and Sven B. Gould. *Journal of Cell Science*. 131, jcs203414（2018）
Jillian M. Freese and Christopher E. Lane. *Molecular and Biochemical Parasitology*. 214, 105-111

(2017)
Lynda J. Goff and Annette W. Coleman. *Proceedings of the National Academy of Sciences of the United States of America* 81, 5420-5424（1984）
Lynda J. Goff and Annette W. Coleman. *Journal of Phycology*. 21, 483-508（1985）
Lucia Hadariová *et al. Current Genetics*. 64, 365-387（2018）
Manuela Hartmann *et al. Proceedings of the National Academy of Sciences of the United States of America* 109, 5756-5760（2012）
François Jacob. *Science* 196, 1161-1166（1977）
Ryoma Kamikawa *et al. Phycol. Res*. 63, 19-28（2015）
Ryoma Kamikawa *et al. Genome Biology and Evolution*. 7, 1133-1140（2015）
Ryoma Kamikawa *et al. Molcular Biology and Evolution*. 32, 2598-2604（2015）
Ryoma Kamikawa *et al. Molcular Biology and Evolution*. 34, 2355-2366（2017）
Ryoma Kamikawa *et al. Journal of Eukaryotic Microbiology*. 65, 669-678（2018）
Slim Karkar *et al. Proceedings of the National Academy of Sciences of the United States of America* 112, 10208-10215（2015）
Alle A. Y. Lie *et al. BMC Genomics* 18, 163（2017）
Zhenfeng Liu *et al. Frontiers in Microbiology*. 6, 319（2015）
Shinichiro Maruyama and Eunsoo Kim. *Current Biology*. 23, 1081-1084（2013）
Eriko Matsuo and Yuji Inagaki. *PeerJ* 6, e5345（2018）

Zaid M. McKie-Krisberg and Robert W. Sanders. *ISME Journal*. 8, 1953-1961（2014）
Zaid M. McKie-Krisberg *et al. Frontiers in Marine Science*. 5, 273（2018）
Aditee Mitra *et al. Biogeosciences* 11, 995-1005（2014）
Siuk-Mun Ng *et al. Scientific Reports*. 8, 17258（2018）
Maren Preuss and Giuseppe C. Zuccarello. *Phycological Research*. 67, 89-93（2019）
Maren Preuss *et al. Botanical Marina*. 60, 13-25（2017）
Julia Rottberger *et al. Aquatic Microbial Ecology*. 71, 179-191（2013）
Chihiro Sarai *et al. Proceedings of the National Academy of Sciences of the United States of America* 117, 5364-5375（2020）
F. J. R. Taylor *et al. Biodiversity and Conservation*. 17, 407-418（2008）
Fernando Unrein *et al. Limnology and Oceanography*. 52, 456-469（2007）
Chuan-Ming Yeh *et al. Applied Sciences*. 9, 585（2019）
Satoko Yoshida *et al. Current Biology*. 29, 3041-3052（2019）
Mikhail V. Zubkov and Glen A. Tarran. *Nature* 455, 224-226（2008）

第5章

鎌形洋一「難培養微生物とは何か?.」『環境バイオテクノロジー学会誌』7, 69-73（2007）
John M. Archibald. *One Plus One Equals One*. Oxford Univ Press
Caner Akil and Robert C. Robinson. *Nature* 562, 439-443（2018）

Matthew W. Brown *et al.* *Genome Biology and Evolution*. 10, 427-433（2018）

Fabien Burki *et al.* *Proceedings of the Royal Society B: Biological Sciences* 279, 2246-2254（2012）

Fabien Burki *et al.* *Proceedings of the Royal Society B: Biological Sciences* 283, 20152802（2016）

Fabien Burki *et al.* *Trends in Ecology & Evolution*. 35, 43-55（2020）

John A. Burns *et al.* *Nature Ecology and Evolution*. 2, 697-704（2018）

Marie L. Cuvelier *et al.* *Environmental Microbiology*. 10, 1621-1634（2008）

Spencer C. Galen *et al.* *Royal Society Open Science*. 5, 171780（2018）

Stephen Giovannoni and Ulrich Stingl. *Nature Reviews Microbiology*. 5, 820-826（2007）

Laura A. Hug *et al.* *Nature Microbiology*. 1, 16048（2016）

Vladimir Hampl *et al.* *PLoS ONE* 3, e1383（2008）

Hiroyuki Imachi and Masaru K. Nobu *et al.* *Nature* 577, 519-525（2020）

Jan Janouškovec *et al.* *ISME Journal*. 7, 444-447（2013）

Eunsoo Kim *et al.* *Proceedings of the National Academy of Sciences of the United States of America* 108, 1496-1500（2011）

Waldan K. Kwong *et al.* *Nature* 568, 103-107（2019）

Gordon Lax *et al.* *Nature* 564, 410-414（2018）

Duckhyun Lhee *et al.* *Molcular Biology and Evolution*. msaa206（in press）

Purificación López-García and David Moreira. *Trends in Ecology & Evolution*. 30, 697-708（2015）

Purificación López-García and David Moreira. *Cell* 181, 232-235（2020）

Fraser MacLeod *et al. AIMS Microbiology*. 5, 48-61 (2019)
Birger Marin *et al. Protist* 156, 425-432 (2005)
Amin R. Mohamed *et al. ISME Journal*. 12, 776-790 (2018)
David Moreira and Purificación López-García. *Bioessays* 36, 468-474 (2014)
Mami Nomura and Ken-ichiro Ishida. *Protist* 167, 303-318 (2016)
Fabrice Not *et al. Science* 315, 253-255 (2007)
Eva C. M. Nowack and Andreas P. M. Weber. *Annual Review of Earth Planetaey Sciences*. 69, 51-84 (2018)
Miroslav Oborník. *Trends in Parasitology*. 36, 727-734 (2020)
Jörn Petersen *et al. Genome Biology and Evolution*. 6, 666-684 (2014)
Rafael I. Ponce-Toledo *et al. Current Biology*. 27, 386-391 (2017)
Ramkumar Seenivasan *et al. PLoS ONE* 8, e59565 (2013)
Kiley W. Seitz *et al. Nature Communications*. 10, 1822 (2019)
Shannon J. Sibbald *et al. Trends in Parasitology*. 36, 927-941 (2020)
Anja Spang *et al. Nature* 521, 173-179 (2015)
F. J. R. Taylor *et al. Biodiversity and Conservation*. 17, 407-418 (2008)
World Health Organization. *WORLD MALARIA REPORT 2019* (2019)
Hwan Su Yoon *et al. Science* 332, 714-717 (2011)

第6章

中村桂子・松原謙一監訳『Essential 細胞生物学 原書第4版』南江堂

日本植物病理学会編『植物たちの戦争』講談社

岩槻邦男・馬渡峻輔監修、千原光雄編『藻類の多様性と系統』裳華房

根井正利著・監訳・改訂、鈴木善幸・野澤昌文訳『突然変異主導進化論』丸善出版

Chantal Abergel and Jean-Michel Claverie. *Current Biology*. 30, R1108-R1110（2020）

Rodney D. Adam *et al.* *BMC Genomics* 11, 424（2010）

Dolors Amorós-Moya *et al.* *Molcular Biology and Evolution*. 27, 2141-2151（2010）

Johan Ankarklev *et al.* *Nature Reviews Microbiology*. 8, 413-422（2010）

Kirk E. Apt *et al.* *Journal of Molecular Biology*. 248, 79-96（1995）

Beverley R. Green. *Biomolecules* 9, 748（2019）

Juan J. P. Karlusich *et al.* *Annual Review of Earth and Planetary Sciences*. 12, 233-365（2020）

Christen M. Klinger *et al.* *Current Opinion in Microbiology*. 16, 424-431（2013）

Maita Latijnhouwers *et al.* *Trends in Microbiology*. 11, 462-469（2003）

JunMo Lee *et al.* *Nature Communications*. 10, 4823（2019）

Shehre-Banoo Malik *et al.* *Molcular Biology and Evolution*. 24, 2827-2841（2007）

Denis Malvy and François Chappuis. *Clinical Microbiology and Infection*. 17, 986-995（2011）

Arturo Medrano-Soto *et al.* *Molcular Biology and Evolution*. 21, 1884-1894（2004）

Kira More *et al.* *Current Biology*. 30, R553-R564（2020）

David Moreira and Purificación López-García. *Nature Reviews Microbiology*. 7, 306-311 (2009)
David Moreira and Purificación López-García. *Philosophical Transactions of the Royal Society B* 370, 20140327 (2015)
Jonathan A. D. Neilson and Dion G. Durnford. *Photosynthesis Research*. 106, 57-71 (2010)
Richard J. O'Connell and Ralph Panstruga. *New Phytologist*. 171, 699-718 (2006)
Lori Peacock *et al. Current Biology*. 24, 181-186 (2014)
Marianne K. Poxleitner *et al. Science* 319, 1530-1533 (2008)
Didier Raoult and Patrick Forterre. *Nature Reviews Microbiology*. 6, 315-319 (2008)
Suchita Rastogi *et al. Current Opinion in Microbiology*. 52, 130-138 (2019)
Thomas A. Richards *et al. Proceedings of the National Academy of Sciences of the United States of America* 108, 15258-15263 (2011)
Andrea Sánchez-Vallet *et al. Annual Review of Phytopathology*. 56, 21-40 (2018)
Fiona Savory *et al. PLoS Pathogens*. 11, e1004805 (2015)
Frederik Schulz *et al. Nature* 578, 432-436 (2020)
Darren Soanes and Thomas A. Richards. *Annual Review of Phytopathology*. 52, 583-614 (2014)
Dave Speijer *et al. Proceedings of the National Academy of Sciences of the United States of America* 112, 8827-8834 (2015)
F. J. R. Taylor *et al. Biodiversity and Conservation*. 17, 407-418 (2008)
Guifré Torruella *et al. Current Biology*. 25, 2404-2410 (2015)

Alexandra Z. Worden *et al. Science* 347, 1257594（2015）

Mai Watanabe and Masahiko Ikeuchi. *Photosynthesis Research.* 116, 265-276（2013）

Akinori Yabuki *et al. Scientific Reports.* 4, 4641（2014）

Takahiro Yamagishi *et al. Protist* 166, 522-533（2015）

神川龍馬　かみかわ・りょうま
1981年静岡県生まれ。京都大学農学研究科准教授。京都大学農学部卒業、同大学院農学研究科博士後期課程修了。日本学術振興会特別研究員、筑波大学生命環境系特任助教、京都大学大学院地球環境学堂助教、カナダ・ダルハウジー大学客員研究員、京都大学大学院人間・環境学研究科助教を経て現職。日本藻類学会研究奨励賞、日本進化学会研究奨励賞、文部科学大臣表彰（若手科学者賞）、公益財団法人農学会日本農学進歩賞受賞。主な研究領域は、海洋における真核微生物の多様性について。

朝日新書
808
京大式（きょうだいしき） へんな生き物（いきもの）の授業（じゅぎょう）

2021年3月30日第1刷発行

著　者　神川龍馬

発行者　三宮博信
カバーデザイン　アンスガー・フォルマー　田嶋佳子
印刷所　凸版印刷株式会社
発行所　朝日新聞出版
〒104-8011　東京都中央区築地5-3-2
電話　03-5541-8832（編集）
　　　03-5540-7793（販売）

Published in Japan by Asahi Shimbun Publications Inc.
ISBN 978-4-02-295111-3
定価はカバーに表示してあります。